精力管理

开启不疲惫、不焦虑的人生

达夫 著

中国华侨出版社

·北京·

图书在版编目(CIP)数据

精力管理：开启不疲惫、不焦虑的人生 / 达夫著
. -- 北京：中国华侨出版社, 2023.11
ISBN 978-7-5113-8334-1

Ⅰ.①精… Ⅱ.①达… Ⅲ.①成功心理—通俗读物
Ⅳ.①B848.4-49

中国版本图书馆CIP数据核字（2020）第216298号

精力管理：开启不疲惫、不焦虑的人生

著　　者：达　夫
责任编辑：刘晓燕
封面设计：韩　立
文字编辑：胡宝林
美术编辑：吴秀侠
经　　销：新华书店
开　　本：880 mm × 1230 mm　　1/32开　　印张：6.5　　字数：160千字
印　　刷：河北松源印刷有限公司
版　　次：2023年11月第1版
印　　次：2023年11月第1次印刷
书　　号：ISBN 978-7-5113-8334-1
定　　价：38.00元

中国华侨出版社　　北京市朝阳区西坝河东里77号楼底商5号　　邮编：100028
发 行 部：(010) 58815874　　传　　真：(010) 58815857
网　　址：www.oveaschin.com　　E-mail：oveaschin@sina.com

如果发现印装质量问题，影响阅读，请与印刷厂联系调换。

　　你有没有注意过，周围经常有人在抱怨没有足够的精力来完成工作？"看起来我今天是做不了这么多事情了。""不可能吧，已经中午了？我才做了一点而已。""这周的工作我连一半都没有完成。""如果我不睡觉，也许能干完这些活儿。""我真希望一天有48个小时！"……也许你也曾经说过类似的话。人们真正想说的到底是什么？那就是："我需要更多的精力来完成工作！"为了解决精力不够用的问题，你是不是已经想尽了办法？但是，你仍然没有足够的精力——或者说，至少没有你所希望的那么多，总是还有无数件没有完成的事情在等着你去做。

　　虽然我们不能延长时间，但是却可以管理自己的精力，从而更加合理地使用精力——用24小时产生48小时的效益。有效地利用精力完成更多的工作，这样你才能成为一个能干的人，这样你才会赚更多的钱、得到更高的分数、生活得更好。

　　一个人的成功，不仅需要时间管理，应该还有更重要的精力管理。当你的精力无法专注时，不管时间安排得多么有效，都无济于事。精力管理主要由四部分组成：体力、情感、思想和精神。这四种精力，从低到高，就像一个四层的三角金字塔，底部是体力，上面依次是情感、思想和精神。本书在帮助我们充分认识精力真正价值的基础上，提出了许多管理精力的技巧、工具、思路和策略，揭示了成功人士高效工作的秘诀，教会我们树立明确的目标、制订行动计划、分清轻重缓急、合理安排自己的精力、形成有条不紊的工作作风、克服各种原因引起的精力浪费、摆脱日常琐事的纠缠、找到平衡生活的有效方法等，让我们生活和工作中的每一份精力都具有更高的效率。最重要的是，本书提供了一张能从此改变你的生活的路线图，使你体能上充沛、情感上相连、思想上集中、精神上一致，在工作上和工作之外变得更加投入。除了工作和事业，本书里所讲的方法同样适用于生活的各个方面——家庭、社会活动……如果任何事情我们都可以做得更多更好，我们就一定能够从中受益。

目录

CONTENTS

1
第 一 章　精力管理的脉动：在疲惫和恢复之间找到平衡

2
第 二 章

体能加油：
好体能是精力充足的基础

3
第 三 章

情绪账户储值：
精力如何快速增长与消耗

4
第四章

专注力自控：
精力聚焦的惊人力量

7 第七章 行动力变现：
从倦怠到高效，到达人生巅峰状态

1

精力管理的脉动：
在疲惫和恢复之间找到平衡

◯ 在精力最旺盛的时候做重要的事

如果有人给你几千块钱，要你从此独立生活，你将怎样使用这些钱？你不会先去买电脑游戏，也不至于先去看"百老汇"舞台秀，而是在解决了衣食住行的问题后，才开始考虑电视和其他娱乐的支出。

同样的道理，在你有了精力的情况下，你不能先拿去打电脑游戏和看电影，也不可以先去整理相册、看小说和胡思乱想，而应该先投入工作和学习中。

生活或者工作中最重要的是懂得什么事情是最重要、最需要解决的，比如，学习、锻炼、睡觉、完成任务等。最重要的要放到前面，要知道对于最重要的事来说，晚做不如早做，晚做的成本会越来越高；心力交瘁的时候做，不如精力旺盛的时候做，身心憔悴的时候做会感到力不从心，效率也会很低，所以要在精力最旺盛的时候做重要的事。

伯利恒钢铁公司总裁理查斯·舒瓦普，为自己和公司的低效率而忧虑，于是去找效率专家艾维·李寻求帮助，希望李能卖给他一套思维方法，告诉他如何在短时间里完成更多的工作。

艾维·李说："好！我10分钟就可以教你一套至少提高效率50%的最佳方法。"

"把你明天必须要做的最重要的工作记下来，按重要程度编上号码。最重要的排在首位，以此类推。早上一上班，马上从第一项工作做起，一直做到完成为止。然后用同样的方法对待第二项工作、第三项工作……直到你下班为止。即使你花了一整天的时间才完成了第一项工作也没关系。只要它是最重要的工作，就坚持做下去。每一天都要这样做。在你对这种方法的价值深信不疑之后，叫你的公司的人也这样做。

"这套方法你愿意试多久就试多久，然后给我寄张支票，并填上你认为合适的数字。"

舒瓦普认为这个思维方式很有用，不久就填了一张25000美元的支票给李。舒瓦普后来坚持使用艾维·李教给他的那套方法，5年后，伯利恒钢铁公司从一个鲜为人知的小钢铁厂一跃成为美国最大的不需要外援的钢铁生产企业。舒瓦普常对朋友说："我和整个团队坚持把最重要的事情先做，我认为这是我的公司多年来最有价值的一笔投资！"

把精力留给最重要的事如此重要，但却常常被我们遗忘。我们必须让这个重要的观念成为一种习惯，每当一项新工作开始时，必须先确定什么是最重要的事，什么是我们应该花最大精力去重点做的事。

然而，分清什么是最重要的并不是一件易事，我们常犯的一个错误是把紧迫的事情当作最重要的事情。

紧迫只是意味着必须立即处理，比如电话铃响了，尽管你正忙得焦头烂额，也不得不放下手边工作去接听。紧迫的事通常是显而易见的，它会给我们造成压力，逼迫我们马上采取行动。

但它往往是令人愉快的、容易完成的、有意思的，却不一定是很重要的。

重要的事情通常是与目标有密切关联的，并且会对你的使命、价值观、优先的目标有帮助。这里有 5 个标准可以参照：

1. 完成这些任务可使我更接近自己的主要目标（年度目标、月目标、周目标、日目标）。

2. 完成这些任务有助于我为实现组织、部门、工作小组的整体目标作出最大贡献。

3. 我在完成这一任务的同时也可以解决其他许多问题。

4. 完成这些任务能使我获得短期或长期的最大利益，比如得到公司的认可或赢得公司的股票等。

5. 这些任务一旦完不成，会产生严重的负面作用：生气、责备、干扰等。

根据紧迫性和重要性，我们可以将每天面对的事情分为四类，即重要且紧迫的事、重要但不紧迫的事、紧迫但不重要的事、不紧迫也不重要的事。

只有合理高效地解决了重要且紧迫的事情，你才有可能获得最大的成效。而重要但不紧迫的事情要求我们具有更多的主动性、积极性、自觉性，早早准备，防患于未然。剩下的两类事或许有一点价值，但对目标的完成没有太大的影响。

　　你在平时的工作中，把大部分的精力花在哪类事情上？如果你长期把大量精力花在重要而且紧迫的事情上，可以想象你每天的忙乱程度，一个又一个问题会像海浪一样向你冲来。你十分被动地一一解决。长此以往，你早晚有一天会被击倒、压垮，老板再也不敢把重要的任务交付给你。

　　重要但不紧迫的事是需要花大量精力去做的事。它虽然并不紧急，但决定了我们的工作业绩。只有养成先做最重要的事的习惯，对最具价值的工作投入充分的精力，工作中的重要的事才不会被无限期地拖延。这样，工作对你来说就不会是一场无止境、永远也赢不了的赛跑，而是可以带来丰厚收益的活动。

◯ 避免靠强撑走入恶性循环的误区

　　在快节奏的工作和生活中，我们往往太过于重视效率而忽略了人的价值。太多机器按钮等我们去按，生活忙乱不堪，工作效率低下且毫无乐趣可言，在效率的鞭策下每个人都像机器一样忙得一刻也停不下来，这样的生活注定毫无幸福可言。事实上，以人的价值来看，我们应该依照人性来决定生活的步调。

现代的工作场合里，步调都被调整得很快。一位西方评论家说过："效率被视为这个时代对人类文明的最伟大贡献。效率被视为一种永远追求不完的力量，人们不可能达到的极致。"的确，在大部分的工作环境中，把工作时间花在非目标导向的事情上，都会被认为没有生产效果，缺乏效率。邀请同事去吃顿舒舒服服的午餐，给同事庆祝生日，或是经常在办公桌上插瓶花，似乎都是些不重要的小事，但是，如果连这些都舍弃，又和没有精神生活的机器人有何分别？

整天工作并不会有效率。效果和花费的时间并不一定成正比。强迫自己工作、工作再工作，只会耗损体力和创造力。我们需要时间暂时停下工作，而且要经常这么做。每当你放慢脚步，让自己静下来，就可以和内在的力量接触，获得更多能量重新出发。

一旦我们能了解，工作的过程比结果更令人满足，我们就更能够乐于工作了。

据国外心理学家的调查，几乎有 2/3 的人以工作为中心，下班后不懂得放松，这不仅不能缓解心头的压力，反而把身体也累垮了。追求效率和追求完美非常相似，它们都在我们能力所能企及的范围之外，当我们将效率奉为生活的唯一标准，一旦达不到要求，就会为之生气、烦躁，这样，我们的生活就会变得复杂、痛苦，而且毫无趣味可言。

○ 张弛有度：生命需要节奏感

2003 年 3 月，美丽的美国西雅图城郊，风景秀美的开比特尔山下，来了三位游玩的老人。

领头的一位年近七旬，名叫加尔文，他是大名鼎鼎的摩托罗拉公司的总裁，跟在他身后的分别是 50 岁的爱德华·赞德和 51 岁的约翰·格杰德。

三人边走边笑，其乐融融。只是，加尔文的心中另有打算。

明年，他就要退休了，到底让谁来接替自己的位置呢？爱德华还是约翰？

摩托罗拉公司可是加尔文的祖父一手创立的，不找一个合适的人选，加尔文还真不放心。其实，爱德华与约翰都是不错的人选，他们都知识渊博，富有管理才能和全球性眼光。但是最终选谁，加尔文还没拿定主意。

行到山道旁，加尔文突发奇想：你们俩来场比赛吧，看谁先登上山顶。

爱德华与约翰对望一眼，都笑了。比就比吧，谁怕谁啊！也许总裁是想借此考察我们的体质呢。也对，管理这么大的一个全球性公司，没个强健的体魄怎么行？

春光明媚，山鸟啾啾，在露水清清的山道上，约翰与爱德华奋力攀登起来。看着两人的背影，加尔文一脸欣慰地笑了。他静静地抽了一根雪茄，然后坐上了通向山顶的缆车。

加尔文在山顶静静地等了一个小时后，约翰一脸汗水地奔了上来。加尔文很满意地笑了："你一向效率高！"加尔文递给约翰一根粗大的雪茄，两人立在那里闲聊，不时发出愉悦的笑声。

十多分钟过去了，两人看了看山道，连爱德华的影子都看不到。

无意中，加尔文看到约翰挂在胸前的数码相机，他拿过约翰的相机，想看看照片以打发这无聊的等待。可是打开一看，里面空空如也。面对满山秀美的风景，约翰居然没拍下一幅照片。加尔文耸了耸肩，把相机还给了约翰。

又过了十多分钟，爱德华才姗姗来迟。"我来迟了，董事长。"爱德华爽朗地笑着。

加尔文点头微笑，他饶有兴趣地取过爱德华胸前的数码相机打开，里面静静地躺着十来张照片，全是这座山上的名胜。那拍摄的角度、光与影的配合还真不错。

看着看着，加尔文忽然心有所悟，一展眉头笑了："你懂得欣赏。"

一年后，加尔文退休了，他任命爱德华·爱德华为摩托罗拉公司全球的 CEO。

事后，加尔文这样说："我本想借登山考察一下他们俩的体质，可是当我看了他们的数码相机之后，我有了新的发现：约翰是一个过于执着的人，他的眼里只有目标。这样的人虽然办起事来雷厉风行，却容易贪功冒进，给公司带来风险。而爱德华，却是一个懂得欣赏、张弛有度的人，把祖父留下的产业交给他打理，我放心。因为，摩托罗拉公司现在需要的只是稳步发展，而无须迅速扩张。"

人不能一直处于高强度、快节奏的生活中，要擅于调节自己的情绪，缓解压力，使生活能够劳逸结合、张弛有度。只要我们学会了情绪调节的"太极"，再怎么来势汹汹的压力，也能"兵来将挡"，将其化解。

◯ 定期更新精力：工作中别忽略自己的健康

不会休息的人就不会工作，这是许多人都明白的道理。草木的生长须经过一个发芽、生长、成熟与枯萎的过程，草在发芽的时候，你就不能要求它成熟，而在成熟的时候，你又不能要求它再生长，每个阶段都有其特性。人的一生亦如同草木，人的生长过程也有其不同的阶段和特征，人所经历的是出生、生长、工作

（在工作中成熟）、衰老、死亡。草的一生是生命的一个过程，人的一生也同样是生命的一个过程，不同的是，人有思维能力，而草木是无知觉的。正是这种思维能力的不同，导致了人的思想意识的相异。人会在自己思维的指导下有意识地工作，当然，工作是一个人生存所必须要经历的过程，但是，如果你不顾自己生命过程的特征，一味地以工作为目的，那就是对自己的极端不负责任了。

一个常年鏖战于商场的企业家，为了不断拓展的事业而长期在外奔波，忽略了妻子的温柔，忽略了儿子的成长，而他还满心骄傲地以为自己的不辞辛苦让亲人过上了一天强似一天的日子。

忽然有一天，积劳成疾的他被送进了医院，诊断结果为癌症。他躺在病床上，望着眼角已爬上细细皱纹的妻子和长得比妈妈还高了的儿子，突然明白自己过去有多傻，多糊涂。用长久的别离换得的优裕的物质生活环境又怎能代替亲人相守的天伦之乐呢？他流着泪向妻儿许诺，只要自己病能好，一家人再不分开，一起去旅游，去看海，去黄山观云雾。

后来经过复查发现原系误诊，只不过是良性肿瘤，手术后不久他就出院了。他没有忘记自己的诺言，但公司积压已久的事务亟待他去处理，大大小小的会议等着他去出席。他不由得感叹身不由己，黄山云雾，只有在梦里相见了！

为什么经历了与死神擦肩而过的惊险，还不能抛开种种俗务的纷扰？忙忙碌碌、忧心忡忡的人为何不问问自己：什么才是真正要紧的？

实际上这是很不幸的事情，要知道，事业只是人生的一部分，缺少爱与被爱的生命并不完美，或者说，人生的成功自然包含着人人想得到的功成名就，但它并不是最重要的，更不是唯一照亮世界的太阳，人生最重要的是要活得潇洒。明白这一点，对于那些整日为工作而奔波劳碌的人大有必要。工作狂们对于自己从事的工作倾注了无限的精力和时间，因此无暇亲近他们可爱的亲人，以至于疏远了彼此生命中最为宝贵的感情。他们并非不需要温馨的家庭生活，他们只是想先把眼下的工作完成，所以他们总是暗示自己："不要紧，这只是暂时的，等我忙完以后，一切都会恢复正常，我会轻松平静下来，我将愉悦地陪伴我美丽的妻子和可爱的孩子，现在再坚持一下就行了……"但事实上他们的这种愿望少有实现——旧的问题解决了，又会出现新的问题。

要改变人们对你的看法，你必须调整好你的工作与休息的关系，不要抛弃自己的健康，也不要让工作支配你的生活，不要以生命的代价去换取虚妄的名声，要靠你的高质量的工作效率取胜于人，努力使自己成为一个既会工作又会休息的人，这样你才能有一个快乐的人生。

○ 持续消耗与恢复不足的危害

　　每天 24 小时，人人如此。但对有些人来说，他们觉得每天都过得很累，8 小时之内忙工作，焦头烂额，头晕目眩，有些事没做完，只好晚上加夜班，有时候忙得连双休日也得赔上。

　　加班，尤其是长期夜班，对人的身体健康有诸多严重影响。

　　人的生命有限，时间和精力也有限，世界却是丰富多彩的，我们既要工作，也要休息，还要和家人一起享受生活，所以就要合理地支配好自己的时间，提高工作效率。8 小时之内，努力工作，8 小时之外，旅游、运动，玩得坦坦荡荡，有加班的任务，也可以等到上班再做。学会劳逸结合，再繁忙也要每天抽一点时间放松自己。

　　长期以来，人们除了根据春夏秋冬四季变化调节生活外，还按照每日的时间顺序调理起居。就是说，人们习惯于白天工作和学习，晚上休息和睡眠，这是很有节奏的，形成了所谓的"昼夜节律"。有的人加夜班，会感到工作效率不高，身体不适，不能适应夜晚的时间节奏。

　　值得一提的是，上夜班的人要合理安排膳食，保证充足的睡眠，以满足夜班能量消耗的需要，夜餐要吃好、吃饱。由于夜间胃的受纳能力较差，应吃些易消化的食品，并要多换花样，以增进食欲。

如果前半夜工作，午餐的食量应尽可能少些，下午要好好休息；后半夜工作的，前半夜就应早些休息，早晨下班后抓紧时间睡觉，以便恢复体力。在睡眠之前，不要喝浓茶、咖啡或饮酒等，不吃或少吃辛辣刺激性食物。此外，可用热水洗洗脚，促使血液下行，以使大脑较快地进入抑制状态。临睡前，不宜进行紧张的脑力劳动；休息的环境尽可能舒适、幽暗，根据气候适当地打开窗户，以保持室内空气新鲜，有益入睡。

"亚健康"状态，是处于健康与疾病的临界状态，是患病前的信号。若发生头痛、头晕或乏力等症状，应及时有效地调整工作节奏，以防疾病的发生。

长期的夜班生活如同透支自己的健康，如果经过较长一段时间的调整，还是不能摆脱不适状态，试着改变一下生活、工作方式，从长远来讲或许这是一种比较明智的选择。比如给自己放个假，或者更换目前的工作。身体是革命的本钱，为自己的健康和生命着想，即使是修正一下人生坐标，也不为过。

○ 劳逸结合，警惕办公室综合征

近日，一份研究报告称，21% 被调查的女性因长期使用电脑而处于神经高度紧张的状态，而有类似感觉的男性比例为 15%。

有关医学专家表示，腰酸背痛、头晕眼花、耳鸣脑涨正在无形中侵蚀着办公室白领的健康，这也就是俗称的"办公室综合症"。

一般人们认为，"白领"的工作环境舒适，劳动强度小，是人们向往的职业。近些年的研究发现，脑力劳动本身及工作环境中均存在一些不利于健康的因素，医学专家称，如果不注意防护，长期工作也可能对人体产生某些不良影响。"白领"和"蓝领"，大致相当于我们通常所说的脑力劳动者和体力劳动者。脑力劳动者的工作地点通常是办公室、写字间、研究室等。

当今社会中，知识和信息大量增加，"白领"的工作具有快节奏的特点。他们虽然不像体力劳动者那样消耗大量体力，但经常需要在短时间内处理大量信息或做出重要决定。单调的工作方式、高度的工作需求和精神紧张，给"白领"阶层的工作人员带来很大的生理和心理负荷。

"白领"的工作大部分时间采取坐的姿势，在办公室需要长时间伏案工作，这种体位增加了颈部、腰背部肌肉和骨骼的负荷，可导致颈椎病以及腰背肌肉骨骼损伤。另外，如果有的办公场所工作桌椅高度不符合使用者人体尺寸特点或不符合工效学的设计原则，人们在工作中不能处于自然、舒适的状态，容易引起身体某些部位的紧张和疲劳，尽管体力消耗不大，但工作一天后仍会感到腰酸背痛、疲劳乏力。

在现代社会中，电脑已经成为人们生活和工作中不可缺少的工具，特别是坐在办公室的白领，整日都在对着电脑工作。电脑在给人们带来诸多方便的同时，也带来了一些烦恼和忧虑，人们长期从事电脑工作对健康的影响是比较直接的。

每天进行 15 分钟的腹部、背部、腿部和臀部的锻炼，可以帮助人们避免或减少背部受伤的可能性。此外，每周进行 2 ~ 3 次的力量训练对背部也非常有益。

最好也是最简便的方法就是经常开窗换气，尽可能保持室内空气清洁，降低工作场所空气中有害物质的含量。如北京的冬季气候干燥，可适当增加室内湿度；复印机的周围可产生一定的静电场，并释放少量臭氧。安放复印机且使用频繁的室内，应注意通风，如安装排气扇等。

◎ 见缝插针：间歇与碎片化恢复体力

近年来，随着社会的发展和竞争的不断加剧，都市人需要面对来自各方面的压力。快节奏、高强度的紧张生活已经使部分青壮年出现隐性更年期的症状，随之而来的还有各种各样的心理问题。

阿威以前的工作很轻松，丝毫没感受过什么工作"压力"，每天一张报纸一杯茶，轻轻松松就是一天。这样的日子过烦了，阿威便想换个环境，于是他南下深圳，准备大干一番。事情没他想得那么简单，到了深圳之后，他费尽周折才找到工作，但每天一进写字楼就有一种喘不过气来的感觉。繁重的工作、同事之间的竞争与摩擦，使原本性格开朗的阿威连笑也变得陌生了。每天在办公室里面对着冰冷的电脑屏幕，看上司的脸色，还夹杂着一些同事冷不丁的误解和暗伤，让他越来越吃不消。

灵儿曾在一家私企担任过两年多的部门经理，对"精神压力大"深有体会。她主管的部门主要负责公司产品的宣传、策划工作，都是又累又细的活儿不说，工作当中的"变数"还很大，日攻夜战赶出来的方案常常要面临推翻重来的命运。天长日久，导致她一接到任务，就条件反射地想到"肯定又砸了"，来自工作的压力让她寝食难安，彻夜难眠。

快速多变的现代都市生活节奏，一方面激发了人们的进取心，让人们不断去充实自己，挖掘自己的潜能；另一方面也必然使人们付出高昂的生理和心理代价。在一次调查中，有97%的上班族都觉得工作给自己带来了压力，只是每个人承受压力的程度不同而已。

许多研究已经证明，压力与疾病有着直接或间接的关系，许多疾病的产生或蔓延，受压力的影响很大。显而易见，当个人的心理机能与生理功能无法对外在或内在的压力适时应变，就会给个人的工作效率、健康状况带来巨大影响。

其实，压力是现代社会的必然产物，它表现在我们生活的方方面面：来自工作的压力、来自生活的压力、来自责任的压力、来自复杂的人际关系的压力等等。没有人能够全然逃避压力的阴影，因此我们要学会正确面对压力，在工作的间歇忙里偷闲，随时恢复自己的体力和精力，这是我们改善工作和提高生活质量的重要环节。

◎ 过劳一族，远离蜜蜂式的工作方式

人们总是赞赏蜜蜂的勤劳，但我们又不得不承认，蜜蜂的种种极端习性，实在是生命的一大悲哀。

蜜蜂积累财富无止无休，它们恨不得能把天下的蜜、粉都采集到巢中，所以，只要外界还有蜜有粉，它们就不会休息。疲惫不堪、早衰和过劳死，是它们的不幸。

蜜蜂不懂得适时的机变和改变方向。有生物学家做过试验，将数量相等的蜜蜂和苍蝇放进一只透明的玻璃瓶，然后将玻璃瓶瓶底对着光源，将瓶身与瓶口置于黑暗之中。结果，瓶中的蜜蜂都朝着光源挣扎而死，而苍蝇却都从背着光源的瓶口飞走了。

纵观四周，不少现代人都在重演蜜蜂的悲剧，为了追逐更大

的名利，为了获取更多的钱财，一往直前毫不停留，就连吃饭也是不知其味地匆匆填饱肚子。结果却是心累体衰，没有时间充分品味生活的美好与芬芳，最终留下生命的遗憾……朝九晚五成了朝九晚"无"，华灯初上，别人下班了，你们的工作日是不是却才过去了一半呢？

近年来，越来越多的上班族出现焦虑、失眠、记忆力衰退等症状，他们虽然拿着较为丰厚的报酬，但却因"加班"付出了大量的时间和精力，身体健康被严重透支。

调查发现，六成上班族由于频繁加班而身体每况愈下，但面对企业的晋升和淘汰机制，他们常常"自愿加班"。六成员工之所以"自愿加班"，主要是出于"三怕"：

一是怕丢了来之不易的饭碗。即将投身某会计师事务所工作的小欣说："如今的就业形势很不乐观，找到这份让许多人艳羡的工作，我已经拼掉了半条命，工作后如果连加班都不乐意，万一被开除怎么办？"张某是一家房地产代理公司的置业顾问，公司实施末位淘汰制，为了不被淘汰，他已经很久没双休了。

二是怕在与同事的竞争中处于下风。在"自愿加班"的员工中，有近半数是出于竞争而被迫"加班"，或是想通过加班博得老板的赏识。在一家贸易公司上班的刘小姐说，自己下班后经常得陪客户参观工厂，否则到手的业务就可能被别人抢走。在某知名咨询公司上班的施先生说："其实谁也不想主动加班，但在老板面前表现一下，也许能得到更多的机会。"

三是怕影响自己的事业发展。一家跨国公司的销售经理毛先生说，他所在的公司，个个都是"人中之精"，一个比一个优秀，要想不落后，必须把加班当作工作的一部分，"习惯了就好"。在上海恒隆广场上班的秦小姐对此完全认同，"想要升迁，怎么能不加班呢"？

有位哲人说过：爬山的时候，别忘了欣赏周围的风景，假如工作是为了挣钱，挣钱是为了投资，投资是为了挣到更多的钱，你就会在"爬山"的路上只顾低头爬山，完全忘记生活的目的了。

不会欣赏和享受每日的生活是我们最大的悲哀，学习享受已经拥有的时间、金钱与爱对我们来说是最重要的一课……

不要想着等你赚够了钱再来放慢脚步享受生活，时间不会等你的，你孩子的天真笑脸、你太太的杨柳腰肢，还有你壮如铁塔的身体都会成为过去，而你那时除了抱着赚来的钱又可以做什么呢？

正如一位著名的心理学家所说："工作、爱情、游戏是人生的三个重要方面，偏废了任何一方面就不能算作一个精神健康的人。"

蜜蜂是勤劳的，但蜜蜂确实活得太累。现代人不必把每天的时间安排得紧紧的，留下一点时间给自己，来欣赏一下四周的好风景吧。

◯ 与压力和平共处

美国鲍尔教授说："人们在感受工作中的压力时，与其试图通过放松的技巧来应付压力，不如激励自己去面对压力。"

一个人的惰性与生存所形成的矛盾会产生压力，一个人的欲望与来自社会各方面的冲突会产生压力。说通俗一些，就是人生的各个阶段都有压力：读书有压力，上班有压力，做平常老百姓有压力，做领导干部也有压力。总之，压力无处不在！

压力是好事还是坏事？科学家认为：人是需要激情、紧张和压力的。如果没有既甜蜜又有痛苦的冒险滋味的"滋养"，人的机体就无法存在。对这些情感的体验有时让人上瘾，适度的压力可以提高人的免疫力，从而延长人的寿命。试验表明，如果将人关进隔离室内，即使让他感觉非常舒服，但若没有任何情感体验，他也很快会发疯。

压力带给人的感觉不仅仅是痛苦和沉重的，它也能激发人的斗志和内在的激情，使你兴奋，使你的潜能被开发！

体育比赛的压力是大家有目共睹的，正是因为压力大，世界纪录才频频被打破。企业工作的压力也是很大的，然而正是激励的竞争机制才使企业有了飞速的发展。

压力不仅能激发斗志，压力还能创造奇迹。

日本的北海道盛产一种珍奇的鳗鱼，海边渔村的许多渔民都以捕捞鳗鱼为生。鳗鱼的生命非常脆弱，只要一离开深海区，过不了半天就会全部死亡。

有一位老渔民天天出海捕捞鳗鱼，奇怪的是，返回岸边之后，他的鳗鱼总是活蹦乱跳。而其他捕捞鳗鱼的渔民，无论怎样对待捕捞到的鳗鱼，回港后均是死的。

由于鲜活鳗鱼的价格要比冷冻的鳗鱼贵出一倍，所以没几年工夫，老渔民便成了远近闻名的富翁。周围的渔民做着同样的事情，却只能维持基本的温饱。后来，人们才发现其中的奥秘。原来，鳗鱼不死的秘诀，就是在整仓的鳗鱼中放几条狗鱼。

鳗鱼与狗鱼是出了名的死对头。几条势单力薄的狗鱼遇到成仓的对手，便惊慌地在鳗鱼堆里四处乱窜，这样一来，整船死气沉沉的鳗鱼就被激活了。

故事说明的道理非常简单，无非就是通过引入外界的竞争者来激活内部的活力。

没有压力的生活会使人生活得没有滋味。试想，如果所有的学生都是一样的考分，不论努力与否；如果所有的员工都是一样的工资，不管付出多少，那还会有谁愿意继续努力？人们就会混日子，变得越来越懒散，激情也将消失殆尽！说大了，社会也将停滞不前。

当然，压力也不能太大，大得难以承受，人又会被压垮。压力不能没有，又不能过大，同时压力也无法摆脱，生活就是这样，充满着矛盾，我们只能选择适应生活和改变自己。当你没有了激情，懒懒散散，那就给自己加压，定下一个目标，限期完成；当你感到压力使你身心疲惫，都快成机器了，你就要进行压力纾解，放下一些攀比和力不从心的追求。

当一个人没有任何压力的时候，他就会失去前进的动力，成为轻飘飘的云，没有方向。要想改变现状，你必须给自己一些压力。

⭕ 寻找工作与生活之间的平衡点

有这样一则寓言：

一只小兔子在路上拼命奔跑，青蛙问它："小兔子，你为啥跑得那么急？歇歇吧。""我不能停，我要看看这条道的尽头是个啥模样。"小兔子边跑边回答道。

小兔子从来没有停歇过，一心想跑到终点。直到有一天，它猛然撞到了路尽头的一棵大树桩。"原来路的尽头就是这棵树桩！"小兔子喟叹道。更令它懊丧的是，它发现此时的自己已经老迈："早知道这样，好好享受那沿途的风景，该多好啊……"

你也许觉得这个寓言很可笑，认为这只小兔子真傻，它拼命奔跑的结局就是撞在了一棵大树桩上，其实，你仔细想一想，我们的工作与生活是不是正像小兔子奔跑一样呢？沉浸在快节奏生活中的我们为了赶时间，不得不在拥挤的餐桌旁狼吞虎咽；我们追赶时间却早已迷失了回程的方向；我们买得起大品牌与奢侈品，却没有时间停下来看身边的风景……我们每天都在跟时间赛跑，脑海里只有"快一点儿，再快一点儿"的概念。

是的，如今速度已经深入人心了。"快"成了大家默认的办事要求，看机器上一件件飞一般传递着的产品，看办公室一族打电话时那种无人能及的语速……休闲的概念已模糊得看不见。大家似乎都变成了在"快咒"控制下的小人物，连腾出点时间来松口气的时间好像都没有了。看得见的、看不见的规则约束着我们；有形的、无形的鞭子驱赶着我们，我们攀比地位、财富、装饰、收获、拥有，似乎自己慢一拍，就会被这个世界抛弃。

"当我们正在为生活疲于奔命的时候，生活已离我们而去。"英国歌手约翰·列侬的话无疑成了现代人快节奏生活的写照。在快节奏的生活里，我们丢了慢节奏，烦恼、不安、苦痛也伴随着快节奏接踵而至，成为心理暗疾，于是，我们的身体和灵魂处于亚健康状态，这时我们才发现自己已变成童话中用灵魂向魔鬼换金币的那个傻孩子。很多人也从这个时候开始意识到，确实需要放慢节奏、放松身心，慢慢享受生活了。

也许你会问，在竞争如此激烈的年代，哪儿有资本慢下来啊？其实不然，"慢生活"并非让你放弃自我、无所事事，它与物质的富有程度也没有多大关系，慢生活中的"慢"更多的是一种健康的心态，一种积极的生活态度。对我们普通人来说，每一天都是当"慢人"的好时候，只要你运用得当，做个有品位、有资本的"慢人"绝不是什么难事，更不是坏事。

"慢"，是生活和工作之间的一个美丽的平衡点；慢生活，是一种有条不紊、有张有弛的生活。在现代社会的快节奏生活中"慢"下来，以平和的心态面对生活中的各种压力和诱惑，也许你会损失金钱，却丰富了生命。生活好像一盏灯，把脚步放慢一些，灯就被点着了，点亮的灯会照亮生活中原本十分平凡的瞬间。而那些太过实际的人，永远只会被生活所累，却看不见生活中最精彩动人的细节。慢下来，细心欣赏一朵花的盛开，沉醉于一阵微风掠过，细想人生百味，咀嚼生活点滴，何其简约和透彻！

2

体能加油：
好体能是精力充足的基础

◯ 健康的体魄是精力充沛的保证

利奥·罗斯顿是美国最胖的好莱坞影星。1936 年，在英国演出时，他因心肌衰竭被送进汤普森急救中心。抢救人员用了最好的药，动用了最先进的设备，仍没挽回他的生命。

临终前，罗斯顿曾绝望地喃喃自语："你的身躯很庞大，但你的生命需要的仅仅是一颗心脏！"罗斯顿的这句话，深深触动了在场的哈登院长，院长流下了眼泪。

为了表达对罗斯顿的敬意，同时也为了提醒体重超重的人，他让人把罗斯顿的遗言刻在了医院的大楼上。

1983 年，一位叫默尔的美国人也因心肌衰竭住了进来。他是位石油大亨，两伊战争使他在美洲的十家公司陷入危机。为了摆脱困境，他不停地往来于欧亚美之间，最后旧病复发，不得不住进来。

他在汤普森医院包了一层楼，增设了五部电话和两部传真机。当时的《泰晤士报》是这样渲染的：汤普森——美洲的石油中心。

默尔的心脏手术很成功，他在这儿住了一个月就出院了。不过他没回美国。他在苏格兰乡下有一栋别墅，这是他十年前买下的，他在那儿住了下来。

1998 年，汤普森医院百年庆典，邀请他参加。记者问他为什么卖掉自己的公司，他指了指医院大楼上的那一行金字。不知记者是否理解了他的意思，在当时的媒体上没找到与此有关的报道。

后来人们在默尔的一本传记中发现这么一句话："富裕和肥胖没什么两样，也不过是获得超过自己需要的东西罢了。"

没有钱是悲哀的事，但是金钱过剩则倍加悲哀。或许人们需要的东西原来就很简单，简单到不必超过自己的负荷就可以了。

有人曾在背后嘲笑拿破仑："我见过他之后，发现他一无是处，只是看起来很健康而已。"嘲笑者正是那种轻视健康价值的人。

医生说，拿破仑的脉搏从来不超过每分钟 62 次。"我还从来没听到过自己的心跳，简直就像我没有心跳一样。"拿破仑自己开玩笑说。但是他又说："大自然赋予我两种有价值的才能：只要想睡就能睡，不能吃喝过度……吃得太多会使人生病，吃得不够量却从来不会使人生病。"

长时间的骑马、乘车增强了他的体质，"水、空气和爱干净是我喜爱的药物"。他能一口气乘车将近 500 英里从蒂尔西特到德累斯顿，到目的地之后依然精神饱满。他能在马上骑 50 英里从维也纳到塞默灵，在那里吃早饭，当天晚上再回到中布伦，继续工作。他能骑马奔驰 5 个小时，从巴利阿多里德到布尔戈斯。他经过长时间的骑马和行军，于午夜抵达华沙，早晨七点又接见新政府成员。

与英格兰的战争爆发后，他与 4 位秘书连续工作了 3 天 3 夜，然后在热水里泡几小时并口授快信。他对梅特涅说："有时候死亡只是由于缺少活力。昨天，我从马车里甩了出来，我以为这下完了。但我正好有时间对自己说：'我不会死。'别的任何人碰上这事，也许会丢了性命。"

伟大的人物往往有着旺盛的生命力，因而身体中焕发出的能量也是巨大的。这种力量支撑着拿破仑 24 小时不离马鞍，让富兰克林 70 岁高龄还能露营野外，让格莱斯顿在 84 岁高龄的时候还能紧握船舵，每天行走数千米，到了 85 岁时还能砍倒大树。

而有些年轻人还不到 30 岁，就已显得老态龙钟。刚开始时他们也有着巨大的资本——宝贵的脑力、才能和体格，这些东西别人无法控制，可还不到中年，他们就把自己巨大的资本挥霍一空。

他们把自己的身体弄得像生了锈的机器。他们损耗脑力的方法更是五花八门，使生命力承受最大损失。比如，动不动就发怒、烦躁、苦恼、忧郁，这些心理与其他的坏习惯比起来，对生命的损害不知道要大多少倍！

身体是精力的承载者，极大地影响着精力的强弱。只有当我们真正重视身体，让自己的身体更加健康，我们的精力才会更加旺盛。

◯ 身体能量是生命力的展现

夏衍先生的《野草》里有这样一个故事：人的头盖骨，结合得非常致密与坚固，生理学家和解剖学者用尽了一切的方法，要把它完整地分出来，都没有这种力气。后来，忽然有人发明了一个方法，就是把一些植物的种子放在要剖开的头盖骨里，给它以温度与湿度，使它发芽。一发芽，这些种子便以可怕的力量，将机械力所不能分开的骨骼，完整地分开了。植物种子的力量之大，可见一斑。

这种力是一般人看不见的生命力，只要生命存在，这种力就要显现，上面的石块丝毫不足以阻挡，因为它是一种"长期抗战"的力，有弹性、能屈能伸的力，有韧性、不达目的不止的力。

有生命力的种子落在瓦砾中，绝不会悲观和叹气，因为有了阻力才有磨炼。而磨炼会让生命更加强大。人同样具有生命力，生命力是维持人类生存的力量。从内在上，它表现为一个人的"精气神"，我们常说的"精力"、"活力"指的就是生命力。从外在上，它表现为一个人的健康体魄，也就是这个人的精力。精力旺盛的人往往能够让他人感受到很强大的生命力。

在我们的身边，那些有着健康的体质，强壮的身体，高大的个子，甚至发达的肌肉的人往往会有旺盛的精力——尽管他们的智慧比不上霍金和爱因斯坦等科学家，但是他们的精力却超过了那些智慧超群的人。

可见，要想有旺盛的精力就保持强大的生命力，身体的健康尤其重要。当一个人失去健康时，他的生命力就会流失，同样的条件下，一个身体羸弱的人精力绝对不能和一个健康、结实的人相提并论。但是生命力并不等同于健康。生命力并不像健康一样能依靠 CT、心电图或者血常规之类的手段检测到，它是一个介于客观与主观之间的概念，是生命的一种力量，而不是生命的运行状况。

生命力可以依靠一个人的身体姿态来展现。事实上，人的身体姿态和生命力是相互转换的关系。一个硬朗、充满力量的身体姿态，如高昂的头颅、有力的手臂、稳健的步伐、洪亮的声音是能够唤起强大的生命力的。

当你感到颓废的时候，或者当你睡眠不足的时候，你会感觉全身都不舒服，于是你半闭着眼睛，拖着沉重的脚步，声音低沉而沙哑，此时你会感觉自己的生命力很弱小。这个时候如果你大声地吼一声，甩开你的手臂大踏步走一圈，把你的头高高扬起，把你的眼睛睁得圆圆的，这时，你就会觉得你突然又有劲儿了，你的生命力又回来了？真的是你的生命力又回来了吗？当然不是，其实你的生命力一直在那里，只是你自己没有去激发而已。

对绝大多数体质正常的人来说，生命力都是差不多的，虽然会有微小的个体差异，但不会天差地别。那么，为什么有些人看上去总是一副病快快的样子，而有些人看上去活力四射、精力旺盛呢？那就是因为被唤起的生命力有所不同。唤起生命力最好的方式，就是用你的身体语言对自己进行积极的暗示，每天都拿出最精神饱满的姿态，用爽朗的笑声、明亮的眼神、挺拔的身姿来迎接生活中的每一天，这样你的精力想不旺盛都难。

精力是生命力的展现。精力是不可能离开身体独立存在的，生命力则是推动精力运行的动力。一个人的生命力强大，他的精力中也就拥有了最核心的动力。在培养和训练精力的过程中，我们要时刻注意这种来自身体的生命力，唤起生命力，也就唤起了强大的生命，也就能够拥有更加旺盛的精力。

○ 休息为身体赢得好状态

泰戈尔曾说过："休息与工作的关系，正如眼睑与眼睛的关系。"很多人因为想要获得事业上的成功，总是强迫自己无休止地工作。他们拒绝休假，公文包里塞满了要办的公文。如果要让他们停下来休息片刻，他们也会认为纯粹是浪费时间。这些人都成功了吗？没有，他们中很多人不但没有成功，相反，还使自己身心疲惫，有的甚至疏远了亲人，造成家庭的破裂。休息和运动一样重要。如果缺乏休息，身体会积劳成疾，精力也会因为能量透支而一蹶不振。

想要获得成功，我们就需要拥有健康的身体；想要拥有健康的身体，我们就需要懂得劳逸结合。

每当电池快没电时，我们就要及时充电，如此才能确保它继续正常运作。人也一样，经过一天的持续工作之后，我们的能量需要进行补充，否则很难在第二天保持旺盛的精力。

我们要学会休息，以确保自己能有充足的精力去工作。当有人感到心力交瘁之时，可能会使自己的健康状态和工作能力停滞，作出言行不合时宜的举动来。此时你的身体就像一只耗掉大部分电量的蓄电池，无法再如平时一般正常工作。

什么是正确的休息方法呢？一般人可能会认为，最有效的休息方法就是睡眠。许多人因为工作过度繁忙而长期失眠，因此对于自己的疲倦感到无能为力。以下几种方法有利于帮助我们拥有更好的睡眠：

（1）接受戒断现象。有的失眠者长期靠安眠药对抗失眠，一旦没有安眠药，心里就不踏实。失眠者要逐渐减轻对安眠药物的依赖，采取顺其自然的态度。

（2）保持正确睡姿。晚上如果睡不着也不要在床上翻来覆去，最好的办法是闭上眼睛保持右侧卧的姿势，静静地稍微屈身躺着，这样可以达到与睡眠同样的休息效果。

（3）不要睡到"日上三竿"。睡懒觉是失眠的开始，不要有"由于昨晚没睡好，第二天早晨多睡会儿"的想法。这样次日可能暂时出现头晕乏力、不想活动等感觉，但这种现象持续几天反而会引发睡意。

（4）白天一定要多运动。不爱运动的人，可以多做点家务活，打扫一下屋子、洗洗盘子、逛街购物等。尽可能让白天的生活丰富起来，这样晚上就会睡得香。

（5）拒绝猜想。如果你在看《李米的猜想》，那没关系可以尽情地猜想。但是在睡觉之前，请你坚决地不要猜想。"今晚失眠会不会来？""失眠到底能治好吗？"这样的胡思乱想是引起失眠恶性循环的开始，要把注意力集中在自己所做的事情上。

实际上，睡眠并不是唯一的休息方式。

当一个人工作太久了，疲惫和压力就会产生，这时如果不改变一下工作的步调，很可能会造成情绪不稳定、慢性神经衰弱以及其他的毛病，这时需要调节一下。调节不一定需要休息，从脑力劳动转换去做几分钟体力劳动，从坐姿变为站姿，绕着办公室走一两圈，都可以迅速恢复精力。

当然，小睡也是一种有效的休息和恢复精力的方法。小睡与正常睡眠不矛盾，它因人而异，有时打个盹儿就能起作用。通常睡眠以能恢复体力为宜，不可贪睡；而白天的小睡则是一种既不多占时间又能有效地恢复体力的休息方法。

休息是为了获得更好的身体状态。掌握了有效休息的方法，我们的身体将会变得越来越健康，从而积蓄更多精力。聪明的人，会挣钱，爱工作，更要会休息。人就像机器，无休止地运行只会死机。

◯ 养成运动的好习惯

被西方尊为"医学之父"的希波克拉底曾经说了一句话，这句话流传了两千多年。他是这样说的："阳光、空气、水和运动，这是生命和健康的源泉。"可见人的生命和健康离不开阳光、水和运动，这说明运动和阳光同样重要。

询问任何一个保健医生，他们都会谆谆教导你：运动是健康的必要条件。运动是健康人生的重要内容。也只有运动，才能使人体的各种功能得到充分发挥。持之以恒的运动的最大好处就是让身体更加健康。合理的运动能使身体更加健美，并让这种良好状态保持下去，从而提高我们的自尊和身体满意度。而且在运动中人能得到快乐。在锻炼过程中，手脚互动，伸展肢体，内心的抑郁就会随之消失。

体育锻炼贵在坚持，重在适度，我们在进行体育锻炼时应当找到适合自己锻炼的最佳心率。当你进行体育锻炼的时候，心率应该保持在多少？答案是既不要太快，也不要太慢。太快有损健康，太慢则收效甚微，对强化心血管机能作用不大。可以通过数学算法求出你的最佳心率。首先用220减去你的年龄，其结果就是你能达到的最快心率，然后再用这一结果乘上50%，得出适合锻炼的最慢心率，或者乘上75%，得出适合锻炼的最快心率。当然，你应该听从这个老生常谈的告诫，即在开始锻炼之前先去咨询医生。

下面我们为你提供一个测算自己运动时最佳心率的一个简单的方法：

220–35（你的年龄）=185（你能达到的最快心率）

$185 \times 50\% \approx 93$（适合锻炼的最慢心率）

$185 \times 75\% \approx 139$（适合锻炼的最快心率）

专家建议锻炼时的最佳心率应保持在你能达到的最快心率的60%至75%之间，并且坚持每周锻炼3次，每次20分钟。另外，我们在进行体育锻炼时还要注意做好运动前的热身准备，以免在运动中损伤自己的身体。

无论你从事什么样的体育锻炼，专家都会建议你在锻炼之前先做热身准备，锻炼之后进行放松活动，要充分舒展身体，以增强身体的灵活性。许多人忽视了这些建议，认为这些并不重要，这是一种错误观念。热身、放松与伸展身体可以防止受伤、改善循环、增强能力。我们在运动之前应该做5～10分钟练习（例如在慢跑前后先走上一段），以此作为热身或者放松活动。在放松之后再做一些伸展活动。

另外，锻炼项目可因人而异，关键是找一种你自己喜欢的、适合你年龄的运动，如健身操、瑜伽、太极拳、健身跑、散步、登高运动、球类等，不必做硬性规定，但需注意的是运动量掌握要适度。一般以锻炼完毕，冬天自觉感到全身暖和；夏天微微出汗但不觉得心跳过快为度。

运动之后，可以洗个澡，再来杯新鲜的柠檬汁或是葡萄汁，你会觉得浑身上下爽洁舒适而充满活力。想想看，在这种情形下开始一天的新生活，该是多么的美妙啊！

◎ "轻体育" + 交替运动铸造优异效能

"轻体育"也称"轻松体育"或"快乐体育"，是欧美体育学者新近提出的一种大众健身运动形式，它对人的健康非常有益，大家不妨试一试。

"轻体育"的宗旨是静不如"动"，这是"轻体育"概念的精髓所在。"轻体育"概念提倡利用一切可以利用的时空，让身体获得轻度的运动。崇尚"轻体育"概念的人认为，动比静好，轻度运动比中、重度运动好。轻度运动对于身体免疫功能的促进效果比中、重度运动要好。

"轻体育"几乎没有什么约定俗成的固定运动方式，它更像一种概念，引导你利用一切可利用的时间、地点，自己添加一点运动量。

慢走，是其中最让人乐于接受的方式之一。你不必特意为它安排时间，在你出去买东西、外出公干、逛街时，你就可以顺便完成慢走锻炼。

听音乐时，你可以随节奏轻轻摇摆；站着说话时，你可以顺便做做扩胸运动。只要你领悟了"轻体育"的灵魂，任何运动形式都可以成为一种有效的健身方式。"轻体育"不追求运动量，而强调以调节身体功能为主；不要求大段完整的时间，主张利用茶余饭后的零散时间见缝插针地活动身体的关节部位，时间可长可短，完全依具体情况而定。而且，"轻体育"对技术和器械的要求极低，哪怕毫无运动基础的人，只要有健身愿望，就可以立即进入角色，然后只需按照自己的意愿运动就足够了，又没有什么经济负担可言。你可以单独活动，自己一个人静悄悄地进行，也可以在音乐的伴奏中活动，当然也可以集体活动。

健康专家认为，下列一些"轻体育"运动对人的健康非常有益，大家不妨试一试：

1. 原地高抬腿

站立原地后，双手握虚拳，双脚轮流提起，双臂随之自然摆动。可根据身体状况，选择提腿的高度和交换的速度。

2. 踮脚退步跑

先测量来回的步数，然后背向目标，目视前方，头正身直，双手握虚拳置于腰间，踮起双脚，小跑步向后退去，同时摆动双臂，默数步数。此法对腰肌劳损、腰椎病以及腰、腿、脚骨质增生等患者，尤有益处。

3. 强力登楼跑

以力所能及的速度不用扶手上下楼，下楼时亦可退行，但每次只能跨一级台阶。此法可增强人的肺活量，增大髋关节的活动幅度，使下肢肌肉得到锻炼，且能加强腰腹的肌肉活动，有消除赘肉、强筋壮骨的功效。

4. 旋转慢步跑

先在原地练习顺时针和逆时针旋转，不求快速只求匀速。一般能习惯于顺逆时针各转三圈，即可在跑步过程中不时旋转，并逐步增加旋转的频率和速度及圈数。旋转慢跑可产生一种离心力，可明显改善全身血液循环。

5. 赤足原地跑

地上放一块洗衣板或旧塑料澡盆，铺上一些小石子（鹅卵石），光脚在上面慢速原地跑，天冷可穿软底鞋或厚袜子。人的脚底有成千上万的神经末梢，与大脑紧密相连，以卵石或洗衣板的凸出部位刺激双脚底，有较好的健身效果。

总之，只要你在有意识地、轻微地"动"你的身体，你就已经在从事"轻体育"运动了。如果你能以"不以善小而不为"的态度持之以恒，在不知不觉中，就已经轻松惬意地完成了一项锻炼。

另外，"轻体育"不仅适合平时闲暇的人，而且特别适合为工作和生活而忙不迭的上班族们，因为轻体育时间要求松、运动方式活、技术要求低。

此外，交替运动效果也比较好。

我们在生活中会发现，某些动作已成为定式。大多数人都用右手写字、吃饭，大多数人都习惯用手做一些精巧的事，大多数人都向前走路……其实，这都是再正常不过的事了。这时一种名为"交替健身"的方法，深受人们的追捧。

运动专家指出，经常进行交替运动，能使人体各系统生理机能交替进行锻炼，是自我保健的一种好措施。交替运动主要包括如下几个方面：

1. 体脑交替

要求人们一方面进行跑步、打球等体力锻炼；另一方面要进行看书、写作、下棋等脑力锻炼。这样不仅可以增强体力，而且还可以使大脑延缓衰老。

2. 动静交替

要求人们一方面不断进行体力和脑力的活动锻炼；另一方面

要求人们每天抽一定时间使体、脑都安静下来，让全身肌肉放松，去除头脑中的一些杂念，以利于调节全身的循环系统。

3. 冷热交替

冬泳和夏泳、冷水澡和越野跑都是"冷热交替"的典型运动。"冷热交替"不仅能帮助人适应季节和气候的变化，而且对人的体表代谢有显著改善作用。

4. 上下交替

经常慢跑尽管使腿部肌肉得到了锻炼，但上肢却没有得到多少活动。如果再参加一些频繁活动上肢的运动项目，如掷球、打球、玩哑铃、拉扩胸器等，则可使上下肢得到均衡的锻炼。

5. 前后交替

一般的运动都是"往前"，如果同时也做一些"后退"的运动，如后走、后弯、仰泳等，不仅使上下肢反应更灵敏，大脑思维更活跃，对老年人的腰背腿痛也有疗效。

6. 左右交替

平时习惯用左手、左腿者，不妨多活动右手、右腿；相反，平时惯用右手、右腿者，不妨多活动左手、左腿。"左右交替"活动不仅使左右肢体得以"全面发展"，而且还使大脑左右两半球也得以"全面发展"。

7. 倒立交替

科学证明，经常进行倒立交替（即头朝下脚朝上）运动，可改善血液循环，使耳聪目明，记忆力增强；对癔症、意志消沉、心绪不宁等精神性疾病也有功效。

8. 穿、脱鞋走路交替

足底有着与内脏器官相联系的敏感区，赤足走路时，敏感区首先受刺激，然后把信号传入相关的内脏器官和与内脏器官相关的大脑皮层，引发人体内的协调作用，达到健身的目的。

9. 走跑交替

这是人体移动方式的结合，更是体育锻炼的一种方法。做法是先走后跑，交替进行。走跑交替若能经常进行，可增强体质，增加腰背腿部的力量，对防止中老年"寒腿"、腰肌劳损、脊椎间盘突出症有良好的作用。

10. 胸、腹呼吸交替

一般人平时多采用轻松省力的胸式呼吸，腹式呼吸仅在剧烈运动下采用。经常的胸、腹交替呼吸，有利于肺泡气体的交换，可以明显减少呼吸道疾病的发生，对老年慢性支气管炎、肺气肿病人尤为有益。

请根据自身情况以及轻体育和交替运动的原则自己去设想创造。

轻体育和交替运动不失为一种有益的尝试，你不妨试试交替运动，一定会给你一个意想不到的收获。

○ 运动也要"量体裁衣"

人们往往根据自己的兴趣选择运动方式，但常常并不适合自己，从而造成更大的伤害。健康专家认为，不同人群应该根据自身特点，选择不同的运动方式，即所谓的"运动处方"。

量体裁衣制定"运动处方"，要根据自己的年龄、身体结构、身体状况等，按个体差异，为自己设计一个适合自己的"运动处方"，以达到强身健体的目的。

首先从年龄方面考虑，要选择符合自己年龄阶段的运动方式。

1. 20 岁左右

这个时段身体功能处于鼎盛时期，心律、肺活量、骨骼的灵敏度、稳定性及弹性等各方面均达到最佳状态。从运动医学角度讲，这个时期运动量不足比运动量偏高更对身体不利。

锻炼可隔天进行一次，每次 20 ~ 30 分钟增强体力的锻炼，方法是试举重物，负荷量为极限肌力的 60%，一直练到肌肉觉得疲劳为止。如多次练习并不觉得累，可以加大器械重量 10%，必须使主要肌群都得到锻炼。20 分钟的心血管系统锻炼，方法是慢跑、游泳、骑自行车等，强度为脉搏 150 ~ 170 次 / 分钟。这些运动能消耗大量的热量，强化全身肌肉，并提高耐力与手眼的协调性。

2.30 岁左右

此时段人的身体功能已不再是顶峰。这时如忽视身体锻炼，对耐力非常重要的摄氧量会逐渐下降。此时身体的关节常会发出一些响声，这是关节病的先兆。为了使关节保持较高的柔韧性，应多做伸展运动，还要注意心血管系统的锻炼。锻炼隔天一次，每次进行 5 ~ 30 分钟的心血管系统锻炼，强度不要像 20 岁时那样大。20 分钟增强体力的锻炼，与 20 岁时相比，试举的重量要轻一些，但做的次数可多一些。5 ~ 10 分钟的伸展运动，重点是背部和腿部肌肉。

方法是：仰卧，尽量将两膝提拉到胸部，坚持 30 秒钟；仰卧，两腿分别上举，尽量举高，保持 30 秒钟。这个年龄阶段的人可以选择攀岩、滑冰、武术或踏板运动来健身，除了减重，这些运动能加强肌肉弹性，特别是臀部与腿部的肌肉，还有助于加强活力、耐力，能改善你的平衡感、协调感与灵敏度。

3.40 岁左右

超过 40 岁的人选择运动项目不仅应有利于保持良好的体型，而且能预防常见的老年性疾病，如高血压、心血管疾病等。

锻炼每星期进行两次，内容包括：25 ~ 30 分钟的心血管锻炼，中等强度，如慢跑、游泳、骑自行车等。50 岁以上的人脉搏每分钟不超过 130 ~ 140 次。10 ~ 15 分钟的器械练习，器械重量要比 30 岁时的轻一些，重量太大会损害健康，但次数不妨多些。

为防止意外，最好不使用哑铃，而用健身器械。5 ~ 10 分钟的伸展运动，尤其要注意活动各关节和那些易于萎缩的肌肉。周三加一次45分钟增强体力的锻炼，不借助器械，可用俯卧撑、半蹲等，重复多组，每组约20次，数量依自己的承受力而定。

40岁左右的人应选择具有低冲击力的有氧运动，如爬楼梯、网球等。

4.50岁左右

应选择游泳、重量训练、划船以及高尔夫球。

5.60岁左右

应该多散步、跳交际舞、练瑜伽或进行水中有氧运动等。正如美国健身专家约翰·杜尔勒《身体、思维及运动》一书中解释他的健康生活观念时所说："人与生俱来便各自不同，个人的身体类型显示不同的遗传因素，不同的身体构造对不同的运动都会产生一定的影响。"

如果你觉得游泳很沉闷，又不想常到健身房跳健身舞，或者对打网球没有好感，可能这些都是不适合你的运动。要解决这个问题其实很简单，关键在于界定你所属的思维—身体类型，再根据你的特别需要，选择要做的运动。

健身运动的窍门在于根据你的身体状况，要留意身体何时感觉舒服与痛楚。杜尔勒得说："运动不应有伤身体；只要选择与你身体适合的运动，并持之以恒，就有可能改变你的一生。"

运动时放点音乐，会使运动变得更有乐趣。一边运动，一边欣赏音乐，使注意力不总是落在运动的"辛苦"上。那些能伴随音乐节奏进行的运动，既锻炼身体，也是一种令人愉悦的享受。

◯ 选好运动"时间表"

日常生活中，有人喜欢起早锻炼，有人喜欢晚间锻炼，还有人习惯在工作中抽空练一会儿。事实上，运动也有自己的"时间表"，如果能够选择最佳的时间段，运动的效果会事半功倍。

我国人民早有闻鸡起舞的习惯，在晨曦朦胧的清晨，湖边、公园、林荫道上到处都是晨练的人们。但从医学、保健学的角度看，清晨并不是锻炼身体的最佳时间。

其主要原因是，夜间植物吸收氧气，释放二氧化碳，清晨阳光初露，植物的光合作用刚刚开始，空气中的氧气相对较少，二氧化碳的浓度较高。如果更早锻炼，效果更差。在大中城市里，清晨大气活动相对静止，各种废气不易消散，是一天中空气污染较严重的时间。

另一方面，从人体的生理变化规律来看，人经过一夜的睡眠，体内的水分随着呼吸道、皮肤和便溺等流失，机体的水分入不敷出，使全身组织器官以至细胞都处于相对的失水状态。当机体水合状态不良时，由于循环血量减少，血液黏稠度增加，轻者会影响全身血液循环的速度，不能满足机体在运动时对肌肉组织的供血供氧，因而运动时易出现心率加快、心慌气短、体温升高现象，严重时，特别是在身体有疾患的情况下，突然由静止状态转为激烈运动状态易诱发血栓及心肌梗死。

从心脑血管疾病的发病时间和病人的死亡时间来看，患心脑血管疾病的病人在早晨6～8时之间死亡的占较大比例。从早晨醒来以后到上午10时，可以说是心脑血管疾病的高发时间。从早晨6时左右，人的血压开始增高，心率也逐渐加快，到上午10时左右达到最高峰，此时若有剧烈活动最易发生意外。研究发现，心脏的冠状动脉血流量在早晨最少，最容易导致心脏供血不足。

研究还发现，血小板的聚集力在早晨6～9时明显增强，血液的黏稠度也增加，因而最容易引起心脑血管梗死。

那么一天中运动的最佳时间是什么时候呢？

是傍晚。因为一天内，人体血小板的含量有一定的变化规律，下午和傍晚的血小板量比早晨低20%左右，血液黏稠度降低6%，早晨易造成血液循环不畅和心脏病发作的危险，而下午以后这个危险的发生率则降低很多。

傍晚时分，人体已经经过了大半天的活动，对运动的反应最好，吸氧量最大。另外，心脏跳动和血压的调节以下午5～6时最为平衡，机体嗅觉、触觉、视觉也在下午5～7时最敏感。

不过，说运动的最佳时间在傍晚，不是说大家只能在傍晚活动，运动是人性化的活动，融合了人的生理、心理、习惯等多方面的因素，而这些都会对身体活动的效果产生影响，我们上面所说的一天中的最佳运动时间是指对一般生理因素而言的。

每个人的性情、作息习惯及工作性质有别，不能要求人人都能在这个时间锻炼。运动的关键是能形成习惯，如果能根据自己的心理和作息规律，选择一天中固定的时间进行运动，并形成运动的习惯，能持之以恒坚持下去，都会对身体有益。如果条件许可，形成在傍晚锻炼的习惯，将是最佳的选择。

需要注意的是，有几个时间段不宜运动：

（1）进餐后。

进餐后需要较多的血液流向胃肠道，帮助消化食物、吸收养分。如果此时运动，就会使血液流向四肢，影响人体的消化。长此以往，胃肠功能受到损害，易患胃肠疾病；老年人与体弱者进餐后易发生餐后低血压，大脑供血相对减少，外出活动时易跌倒；患有肝、胆疾病的人餐后运动，影响肝脏分泌胆汁，可能使病情加重。

因此，应对俗话说的"饭后百步走"稍加修正，即最好进餐后休息30～45分钟再到户外活动。

（2）饮酒后。

如果这时去运动，不但影响肝脏分解酒精的速度，与此同时，酒精通过血液循环会加速进入大脑、肝脏等器官，对其功能产生不良影响。

（3）情绪差。

运动时应保持乐观的心情，当生气、悲伤时，尽可能不要做激烈的运动。因为人的情绪直接影响着身体的生理机能，激烈的运动会影响器官功能的发挥。但可以参加一些强度不大的、非竞赛性、非身体对抗性的有氧运动，如慢跑、游泳、打羽毛球等。

○ 保持平缓而有规律的呼吸

平缓而有规律的呼吸是保持精力旺盛的重要方法。假设你此时在与他人争吵，你的身体会有怎样的反应呢？你的心脏一定会比平时更剧烈地跳动，呼吸加速，甚至会觉得身体中有股气息要冲破胸腔而出。此时，如果你降低呼吸频率，并做深呼吸为自己的内在带进充足的氧气。你一定会发现，当你的呼吸频率降低以后，心脏也不会跳得那么快了，愤怒的情绪也随之减少了许多。

由此可见，呼吸的力量不容小觑。平缓而有规律的呼吸可以使烦躁的心绪平静下来，也是一个人保持淡定的基础。除非你一直过着田园生活，否则你一定深深懂得呼吸一口清新的空气是一件多么幸福而又难得的事情。如果你想让自己的周围一直存在淡定安宁的氛围，那就学会保持平缓而有规律的深呼吸吧。

你可以利用周末或是假日，从温暖的被窝中出来，避开嘈杂纷乱的车水马龙，以及人声鼎沸的闹市，这些环境都会干扰你平缓的呼吸。如果条件允许，你可以去郊外旅行，因为那里空气清新，也少有嘈杂。在出门之前，请放下生活中的一切烦恼和负累，以开阔宽广的胸怀来拥抱大自然，感受大自然。这并不只是一次简单的呼吸旅行，还是一次对心灵的洗涤。

如果要去郊外，最好大清早的时候就能赶到那里，因为早上的空气是最清新的，而且清晨是万物苏醒的时刻，你会感觉到大自然的生机盎然，从外到内，你都会有种生机勃发的感觉。接下来，最好找一个有山有水，有花有草的地方，这些美好的事物可以净化你的内在，同时让你散发出的能量也变得纯粹。请闭上眼睛，用心聆听鸟儿的鸣叫，是不是感觉它们其实是在歌唱？它们是在歌唱美丽安详的世界，幸福快乐的生活；再看一看碧波荡漾的湖水，如果没有湖，一条小溪也不错，看落花随着流水移去，听溪水淙淙流动的声音，就像是生命在流动，你会觉得这个世界是鲜活的、灵动的。

当你酝酿好一切的情绪之后，请深深地呼一口气，像是要把内在的负面能量全部释放出来。所有的愤怒、怨恨、痛苦都随着你的呼气排出体外。接着，请再深深地吸一口气，将你周围的一切安宁与平静都吸进身体里。一次深呼吸之后，你就已经掌握了其中的技巧。接着，让你的呼吸逐渐变得平缓、绵长而富有规律，在呼吸之间感受内在与外界的安宁，感受身体内外缓缓流淌的能量。

在平缓而有规律地呼吸的时候，自身也可以更加和缓自如地与外界进行能量交流。这时，自身就会吸收外界中平缓的能量，有助于我们自身能量的净化和增强。在这个过程中，我们还可以更加了解外界，为利用外界能量做好准备。

呼吸平稳了，心情自然会变得宁静，而你身边环绕的氛围也自然会平静安详。在这个氛围中，所有负面的能量都会被反弹出去，不会侵扰到你。在习惯于平缓而有规律的呼吸之后，你的心绪就会随之平静下来，精力也会变得更加旺盛。淡定有着巨大的力量，当你的周围只存在平和的氛围时，周围的一切人或事都会被你的能量所吸引，从而使整个天地处于和谐宁静的状态。

○ 用腹式呼吸获得平静和深度放松

呼吸是指身体与外界环境之间进行气体交换的过程。呼吸的质量会影响到自身身体素质以及精力状况。经常坐办公室的人一到下午通常会感觉头晕、乏力、嗜睡。很多人认为这是因为经历了一上午的工作，劳累所致，其实这里面就有呼吸方式的原因。现代人基本都是用胸式呼吸法，每次的换气量都非常小，身体在正常的呼吸频率下根本吸收不到足够的氧气，体内的二氧化碳也不能完全排出，因此二氧化碳越积越多，氧气越来越少，无法满足大脑需求，人就会疲惫、嗜睡。精力也会因为没有足够的能量支撑而疲弱。

呼吸是延续生命活动的重要功能，也是身体内部能量的重要来源。我们需要重视呼吸对于身体以及精力的影响，选择最健康的呼吸方法，拥有更加健康的身体，展现旺盛精力的迷人魅力。

首先，我们需要了解人体的呼吸方式。常见的呼吸方式主要有两种：胸式呼吸和腹式呼吸。我们常做的呼吸就是胸式呼吸，但是在胸式呼吸时只有肺的上半部的肺泡在工作，占全肺 4/5 的中下肺叶的肺泡却在"休息"。这样长年累月地下去，中下肺叶得不到锻炼，长期不用，易使肺叶老化，进而引发疾病，所以胸式呼吸并不利于肺部的健康。腹式呼吸就是让横膈膜上下移动。腹式呼吸有四个方面的功能：一是扩大肺活量，改善心肺功能。二是减少肺部感染的可能性。三是可以调节腹部脏器功能。四是可以安神益智。腹式呼吸则分为顺腹式呼吸和逆腹式呼吸。所谓顺腹式呼吸是指在吸气时要轻轻地扩张腹部的肌肉，呼气时再将它放松。逆腹式呼吸正和它相反。腹式深呼吸可以弥补胸式呼吸的缺陷，是保持肺部健康的好方法。

利用腹式呼吸可以让我们在一次呼吸中获取更多的能量，这样就会增加我们创造的新的能量，吸入和呼出的能量都较多，有利于身体内部负面能量的排出。同时，呼吸并不仅仅意味着人体与外界环境之间气体的交换，也是两者之间进行能量交换的重要方法。外界环境的能量会随着吸气进入人体内部，直接与人体创造的能量进行交换，人体内部的能量也会随着呼气而排出人体，完成二者之间的能量交换。腹式呼吸则可以让这一过程变得更加缓慢，外界能量与自身能量会进行更多的接触，进行更多的互动。

而胸式呼吸则只会让自身与外界在较短的时间内进行能量之间的互动。

腹式呼吸的呼吸方法：

第一，呼吸要深长而缓慢。

第二，用鼻呼吸而不用口。

第三，一呼一吸掌握在 15 秒钟左右。即深吸气（鼓起肚子）3 ~ 5 秒，屏息 1 秒，然后慢呼气（回缩肚子）3 ~ 5 秒，屏息 1 秒。

第四，每次 5 ~ 15 分钟。做 30 分钟为佳。

第五，身体好的人，屏息时间可延长，呼吸节奏尽量放慢加深。身体差的人，可以不屏息，但气要吸足。每天练习 1 ~ 2 次，坐式、卧式、走式、跑式皆可，练到微热微汗即可。腹部尽量做到鼓起缩回 50 ~ 100 次。

虽然腹式呼吸有如此之多的好处，但是我们大多数时候却不采用腹式呼吸，这一情况的出现可能有很多原因。但是，似乎现在的胸式呼吸依旧可以满足精力对于能量的需求。如果我们想要更旺盛的精力，我们就应该学会腹式呼吸。

3

第 三 章

情绪账户储值：
精力如何快速增长与消耗

◯ 变换频道术：获得正面情感的思维方式

你想成为什么样的人，你就能成为那样的人。关键在于你朝哪一个方向移动，这一切都是你自己的选择。你所拥有的人生最大的权力就是选择的权力。

有一个著名的寓言：一个人在旅行时偶然进入了天堂。天堂里长着一种能满足心中愿望的树，只要坐在树底下，所想得到的东西就会立刻被实现。那个旅人已经很疲倦了，所以他睡在那棵树下。当他醒来的时候，就立刻出现了不知从何而来的、飘浮在空中的各种美食。因为他已经很饿，马上吃了起来，当他吃饱了，心里很满足，另外一个想法从他内部升起：如果能有一些饮料的话更好，于是名贵的酒出现在他眼前。喝下了那些酒，他开始怀疑：这到底是怎么回事呢？我是不是在做梦或者是一些鬼在作弄我？接着，就有一些鬼出现了，他们很凶猛、很可怕，令人恶心，所以他开始颤抖，然后，有一个想法从他心里升起：我一定会被杀掉……最后，他果然被杀掉了。

我们常说：外在发生的一切，其实是反映我们内在心灵世界的一面镜子。如果我们的内在世界发生了改变，变得更丰盛，那么，外在世界的一切也就会变得丰盛起来。内心的反应其实就是一种思维模式，正面思维有利于我们处理任何事情时都以积极、主动、乐观的态度去思考和行动，促使事物朝着有利于自己的方向转化。它使人在逆境中更加坚强，在顺境中脱颖而出，变不利为有利。

人生很多的失败，往往是因为思维方式变成负值，这类负面的思维方式如果不改正，不管你有多少财富，你都不可能有幸福的人生。要度过幸福的人生，要把工作做到最好、事业做到最大，就无论如何必须具备正确的、正面的思维方式。

为了改变一个乞丐的命运，上帝化作一个老人前来点化他。

上帝问乞丐："假如我给你1000元钱，你如何用它？"乞丐马上回答说拿到钱，马上买个手机。上帝很纳闷，问为什么。乞丐说："我可以用手机同城市的各个地区联系，哪里人多，我就可以到哪里去乞讨。"

听了乞丐的回答，上帝很失望，但他没有死心，而是继续问道："那么，如果给你10万元钱，你想做什么？"乞丐这回更高兴了，他说："那我可以买一部车，这样我以后出去乞讨就方便多了，再远的地方也可以很快赶到。"

上帝这次狠了狠心，说："给你1000万元钱呢？"乞丐听罢，眼里闪着光亮说："太好了，我可以把这个城市最繁华的地区全买来。"上帝听完很高兴，以为这个乞丐突然间开窍了，没想到乞丐说了这么一句："到那时，我就把我领地里的其他乞丐全部撵走，不让他们抢我的饭碗。"上帝无奈地走了。

故事中的乞丐，面对机遇，始终改变不了一个乞丐的思维，他想到的只是如何更好地为行乞创造条件，却没有想过抓住这个机遇，通过自己的努力来改变命运。这注定他无法改变行乞的命运。

思维的正与负是人生成与败的分水岭。有了正面思维，负面思维就没有了立足之地。正面思维是负面思维的天敌，克制负面思维，用正面思维来置换负面思维，是事业成功和自我实现的唯一途径。

人生和事业的成功需要保持正确的思维方式，充满热情，提升能力，持有正面的思维方式显得极其重要，因为有了正面的思维方式，才会有幸福的人生。

○ 情感账户仪式感：持续积极地进行自我肯定

心理学家马尔兹曾提到："我们的神经系统是很'蠢'的，你用肉眼看到一件喜悦的事，它会做出喜悦的反应；看到忧愁的事，它会做出忧愁的反应。"研究发现，积极的自我暗示能调动人体内的能量，使人变得自信与乐观。

当你持续而积极地进行自我肯定时，你的神经系统就会接收到你的这一暗示，并做出积极的反应。它不断地调动你内在的正向能量，让你的生活朝着更美好的方向发展。威望极高的教练员约翰·伍登正是通过不断的积极暗示和持续的自我肯定，才带领球队赢得一次又一次的胜利。

在约翰·伍登40年的教练生涯中，他所带领的高中和大学球队获胜的概率在80%以上，在全美12年的篮球年赛当中，他所带领的球队曾替加州大学洛杉矶分校赢得10次全国总冠军。如此辉煌的成绩，使伍登成为大家公认的有史以来最称职的篮球教练之一。

曾经有记者问他："伍登教练，请问你如何保持这种积极的心态？"

伍登很愉快地回答："每天我在睡觉之前，都会提起精神告诉自己：我今天的表现非常好，而且明天的表现会更好。"

"就只有这么简短的一句话吗？"记者有些不敢相信。

伍登惊讶地问道："简短的一句话？这句话我可是坚持了20年！重点和简短与否没关系，关键在于你有没有持续去做，如果无法持之以恒，就算是长篇大论也没有帮助。"

伍登教练不仅在工作中时刻保持积极的心态，在生活中也是一个积极乐观的人。例如有一次他与朋友开车到市中心，面对拥挤的车流，朋友频频抱怨，但伍登却欣喜地说："这里真是个热闹的城市。"

朋友好奇地问："为什么你的想法总是异于常人？"

伍登回答说："一点都不奇怪，我是用心里所想的事情来看待生活的，不管是悲是喜，我的生活中永远都充满机会，这些机会的出现不会因为我的悲或喜而改变，只要不断地让自己保持积极的心态，我就可以掌握机会，激发更多的潜在力量。"

"我今天的表现非常好，而且明天的表现会更好。"这句话看似简单平实，却充满巨大的勇气与力量，因为它是约翰·伍登教练对自己真心的肯定。真心的肯定往往具有神奇的力量，约翰·伍登教练正是利用了这股神奇的力量，肯定自己、暗示自己，因而让自己勇敢地面对生活中的每一次机会与挑战。

在了解了自我肯定的神奇力量之后，你也可以在面对问题而想要退缩的时候进行一次这样的自我肯定。首先，肯定的话语应当具有明确的事实依据，内容具体、针对性强。因为肯定的话语越具体，说明你对自己越了解，也就越能发掘自己潜在的勇气与力量，化解生命中的难题。例如，你可以对自己说："我一定能够解决工作中的难题，因为我内心充满勇气。我不会被困难压垮，今天我所做的一切都是为了解决困难！"这样持续一段时间以后，你就会发现，自己的身体中出现了一股强大的力量，而且它们会随时听从你的调遣，这就是自我肯定的力量。

任何人都喜欢听到赞美，但很多人常常善于夸奖别人，却从来不会赞美自己。我们的身体以及所有神经都需要来自自我的肯定，这样才能凸显它们的价值。而唯有自己先肯定自己，才能获得更多人的肯定。请持续而积极地进行自我肯定，这样的你在人群中才会脱颖而出，展现充满非凡的意志与勇气的自己。

⊙ 精力维护：用内在生态对抗"精神污染"

提到"污染"二字，人们一定会想到环境污染。的确，我们所处的环境会受到各种工业的污染，但是，在现今社会中，除了环境污染，还有一些污染也疯狂地肆虐，那就是"精神污染"。

有人认为，一切外部的环境污染都是由精神污染造成的，如果没有那么多的利欲熏心、损人利己、短浅目光等精神上的毒素，就不会让环境受到越来越多的伤害。随着生活压力、职场压力的增大，越来越多的人染上了这种"精神毒素"：在家里，把家人的嘱咐当成唠叨，把伴侣的关心看成监视，把孩子的淘气当作吵闹；在公司，与同事之间小小的误会，偶尔受到的不平等对待，分配了自己不喜欢做的事情，等等，都会令人心里感到不快。

这种精神的污染给我们带来了负面的影响。如果不及时清除它，势必会扰乱正常的能量流动与循环。既然如此，我们又该如何清除内心的"污染物"呢？

那就是建立起"内在生态"，即净化我们的内在。让内心产生淡定的力量，为自身建立起一个屏障，并且充分发挥其作用，将精神污染物从心中剔除，从而达到一种内外平衡的状态。

这个净化的过程很简单：在你做出任何决定之前，请先考虑到事情的结果，以及将会给自己、他人、外界带来的影响。如果这种影响是负面的，那么我们必须要舍弃这种决定，同时重新考虑做出何种决定。接下来，你需要保持内在的平和，让思想与心灵都得以沉静，这样，自身的能量场才能渐渐恢复平和的状态。这种淡定平和的振动频率会吸引来同样让你的内在获得平和的事物。被吸引而来的事物充满了美好平静的感觉与能量，并逐步与你的能量场融合，形成一股更强大的淡定的力量。在这种氛围下，内在的污染源也会一点点消失，最终会被淡定的力量化解，转变成和谐的能量。当整个净化过程完成后，你的内在空间就会呈现出一片空灵之景，那些不美好的、不和谐的负向能量与污染都在淡定的光芒中消散，只留下平和的能量在身体中流动。

我们需要凡事保持淡定，在面对任何事情之前都考虑到应对的方法，将淡定对人、淡定做事作为我们的生活原则与态度。正因为你运用淡定的力量为自己建立起了一个内在生态系统，才能净化自己的内在世界，进而净化整个世界。

用淡定的心接受世间的一切事物，好的、坏的、顺心的、违愿的，然后再将它们在安静祥和的能量场中过滤成最美好的样子，这样你能才真正地消除精神的污染。周遭环境中的污染，稍用方法便可去除；身体表面的毒素，用药物也能治疗；而内在的污染，只能用淡定安详的力量去化解、去根除。要知道，世间的一切荣辱胜负都如过眼云烟般虚幻，一切的功名利禄也似浮云般缥缈，唯有心中的那片纯净天空，才是永恒。

◯ 运动能让你的情绪 high 起来

科学研究发现，运动可以改善人的心理状态，消除忧郁沮丧等不良情绪，达到增强身心健康的作用。旅游、栽花、散步是有效地解除不良情绪的好办法；赛球、健美操、登山、跳舞等集体性娱乐活动，可以使机体神经和肌肉松弛，迅速消除紧张和忧郁，并产生欢快感。

人体是一个整体，人的健康与情绪有密切关系。要想保持愉快稳定的情绪和健康的心理状态，更好地适应外部环境的变化，那就请运动吧，相信运动会给你带来意外的收获。

运动是消除心中忧郁的一种好方法。体育活动一方面可使注意力集中到活动中去，转移和减轻原来的精神压力和消极情绪；另一方面还可以加速血液循环，加深肺部呼吸，使紧张情绪得到放松。因此，应该积极参加体育活动。

运动可使人心情愉快，轻松活泼，在振奋心情上比服用任何良药都更有效。研究证明，情绪和情感是客观刺激物影响大脑皮质活动的结果。在情绪活动中机体所发生的外在表现和内在变化是与神经系统多种水平的机能相联系的，是大脑皮层和皮层下中枢协同活动的结果。

通过体育运动如跑步、疾走、游泳、打羽毛球、排球、篮球、足球、骑自行车、登山等能加强心搏，促进血液循环及消化系统的新陈代谢，使大脑得到充分的氧气和营养物质，能使大脑皮质的兴奋和抑制恢复平静，从而达到改善不佳心情的目的。这些运动应每周坚持 3 ~ 5 天，每次至少30 分钟。

运动不仅影响生理参数，也影响性格特征，尤其对情绪的稳定有很大作用。参加体育活动可以使人精神高度集中，是控制精神紧张和心理失调的有效途径。它们有助于消除过度紧张和疏导被压抑的精力，对于解除或减轻不佳心情，保持心理健康是很有益的。参加体育竞技，可以为不良情绪提供一个"排泄口"，使遭到挫折而产生的冲动提升为向前的动力。

因此，对社会生活中受到不平等待遇的人以及向往公平竞争的人们来说，运动场无疑是一个很好的发泄场所和实现自己理想的场所。一些心理学家通过大量研究肯定了体育运动对情绪的排泄作用。

这些学者们认为，体育运动不仅仅是休闲或锻炼身体，它还具有心理医疗的价值。它像一种净化剂，通过社会认可的渠道，使参加者被压抑的情感和精力得到宣泄和升华，从而使受伤的心灵得以痊愈。

经常运动，能使你保持精神舒畅、精力充沛，从而增加应付现实生活中种种困难的能力。所以，都来参加运动吧，选择适合自己的运动，可以让你和自然更加接近，并将得到日光与运动的叠加益处，增强体质，改变不佳心情。

◎ 愤怒：内耗精力的"头号杀手"

托尔斯泰曾经说过："愤怒对别人有害，但愤怒时受害最深者乃是本人。"

心态不平和的人经常不能控制自己的怒气，为了生活中大大小小的事情勃然大怒。表面上看，愤怒是由于自己的利益受到侵害或者被人攻击而激发的自尊行为，其实，用愤怒的情绪困扰心灵，是一种最不明智的自我伤害。

正如思想家蒲柏所说："愤怒是由于别人的过错而惩罚自己。"

我们愤怒于别人的言行，让愤怒占据了大部分的灵魂空间，灵魂负载着重担，再无法关照自身，更不能得到任何形式的提升，反而在愤怒情绪的支配下更加容易丧失理智。

让我们愤怒的人与事依然故我，他们继续做着自己的事，享受着愉悦的心情；而我们自己却因为愤怒无法专注于眼前的工作，不能很好地履行自己的职责。更可惜的是，我们只顾着愤怒，而无暇体验生命中原本存在的其他美和善。

别人的一些行为真的就那么不可原谅吗？不是，折磨我们的是自己的愤怒情绪，而非别人的一些行为。不管面对别人怎样的行为，控制自己的愤怒情绪，从而避免让灵魂受到伤害，完全是在我们的力量范围之内的。

有一位得道高人曾在山中生活三十年之久，他平静淡泊，兴趣高雅，不但喜欢参禅悟道，而且也喜爱花草树木，尤其喜爱兰花。他的家中前庭后院栽满了各种各样的兰花，这些兰花来自四面八方，全是年复一年地积聚所得。大家都说，兰花就是高人的命根子。

这天高人有事要下山去，临行前当然忘不了嘱托弟子照看他的兰花。弟子也乐得其事，上午他一盆一盆地认认真真浇水，等到最后轮到那盆兰花中的珍品——君子兰了，弟子更加小心翼翼了，这可是师父的最爱啊！他也许浇了一上午有些累了，越是小心翼翼，手就越不听使唤，水壶滑下来砸在了花盆上，连花盆架也碰倒了，整盆兰花都摔在了地上。这回可把弟子给吓坏了，愣在那里不知该怎么办才好，心想：师父回来看到这番景象，肯定会大发雷霆！他越想越害怕。

下午师父回来了，他知道了这件事后一点儿也没生气，而是平心静气地对弟子说了一句话："我并不是为了生气才种兰花的。"

弟子听了这句话，不仅放心了，也明白了。

不管经历什么事情，我们都要制怒，在脉搏加快跳动之前，凭借理智平静自己。想一想，如果惹你生气的人犯的错误是由于某种他们不可控的原因，你为什么还要愤怒呢？

有人说生气是拿别人的错误惩罚自己，实际上，我们完全可以享受不生气的活法。著名的心理学家威廉姆斯夫妇曾经研究出一套快速评估自己的愤怒情绪然后采取对策的方法。这套方法可以帮助我们有效地克服愤怒情绪，让我们过不生气的日子。问自己下面这4个问题。

1. 重要吗？"如果罗莎·帕克斯当时没有发火(1955年，黑人妇女帕克斯在公共汽车上拒绝让座，最终导致美国最高法院裁决种族隔离不符合宪法)，她就会退到车厢后部的黑人区去。"威廉姆斯教授说，"她是因为一件重要的事而发火的。如果你觉得难以判断问题是否重要，就想象一下这是你生命中的最后一天，你还会觉得这事值得发火吗？"

2. 合适吗？想想你会怎样向朋友描述这件事。他或其他任何理智的人会做同样的反应吗？

3. 可以改变吗？坏天气、糟糕的交通、停电的确叫人恼火，但这些是你无法控制的。如果情况可以改变，要拿出具体的合理要求来进行改进。

4. 值得吗？威廉姆斯教授指出："如果你的答案是值得，那么现在就该决定你要的到底是什么。"但是，即使你肯定你发火是有道理的，是值得的，也不要气势汹汹，而应该采取解决问题的态度，找到解决问题的方法。

◯ 焦虑：精力的强效"腐蚀剂"

焦虑不但解决不了任何问题，反而在紧要关头往往坏事。既然如此，我们不如心平气和地面对一切。

刚刚参加工作的张凡最近一段时间不知道为什么，老是为一些微不足道的小事忧虑，以至于影响了正常的工作和生活。

比如，张凡莫名其妙就对他使用的那支钢笔产生了厌恶之感。

一看到那磨得平滑的钢笔尖就心里不舒服，他更讨厌那支钢笔的颜色，乌黑乌黑的。于是张凡决定不用它了。可换了支灰色的钢笔后，张凡依然感觉不舒服。原因是买它时张凡见是个年轻漂亮的女售货员，竟然紧张得冒了一头大汗，张凡认为自己出了丑，自尊心受到了伤害。因此张凡恨不得弄烂它，于是把它扔到楼道里，任人践踏。可是转念一想，这不是白白糟蹋了七八块钱吗，结果又把它给捡了回来。

还有一次，张凡买了一个用来盛饭的小塑料盒。突然他脑子里冒出一个想法："这是不是聚乙烯的？"张凡记得自己曾看过一篇文章，好像是说聚乙烯的产品是有毒的，不能盛食物。这下张凡的神经又绷紧了：自己买的这个小塑料盒会不会有毒？毒素逐渐进入我的体内怎么办？张凡万分忧虑，但不用它又不行，况且圆珠笔、钢笔、牙刷等也是塑料制品，天天都沾，如果都有毒，这不是让人活不成了吗？

有一天，张凡又为头上的两个"旋儿"而苦恼起来。他听人说"一旋好，俩旋孬，两个顶（旋），气得爹娘要跳井"。真有这么回事吧？要不为什么自己经常惹父母生气呢？可许多有两个旋的人也不像自己这么怪呀！这个念头令张凡终日忧虑不已。

张凡就是这样一直在忧虑的旋涡中徘徊、挣扎着……

可怜的张凡在忧虑中不断地折磨自己，他这是一种典型的焦虑心理。

焦虑是一种没有明确原因的、令人不愉快的紧张状态。适度的焦虑可以提高人的警觉度，充分调动身心潜能。但如果焦虑过火，则会妨碍你去应付、处理面前的危机，甚至妨碍你的日常生活。

处于焦虑状态时，人们常常有一种说不出的紧张与恐惧，或难以忍受的不适感，主观感觉多为心悸、心慌、忧虑、沮丧、灰心、自卑，但又无法克服，整日忧心忡忡，似乎感到灾难临头，甚至还担心自己可能会因失去控制而精神错乱。在情绪上整天愁眉不展、神色抑郁，似乎有无限的忧伤与哀愁，记忆力衰退，兴味索然，注意力涣散；在行为方面，常常坐立不安，走来走去，抓耳挠腮，不能安静下来。

心理学研究表明，导致焦虑的原因既有心理的因素，又有生理因素，同时，人的认知功能和社会环境也起重要作用。

焦虑是每个人都有的情绪体验，要防止它成为病态，就要寻找各种能舒缓压力的方式。面对焦虑，面对真实的自己，是化解焦虑的最佳良药。让我们一起化焦虑为成长的契机，做个自在、心无挂碍的现代人。

下面就教你几招来化解焦虑：

1. 进行耗氧运动，以振奋精神

焦虑者可通过强耗氧运动，振奋自己的精神，如快步小跑、快速骑自行车、疾走、游泳，等等。通过这些耗氧量很大的运动，加速心搏，促进血液循环，改善身体对氧的利用，并在加大氧的利用量中，让不良情绪与体内的滞留浊气一起排出，从而使自己精力充沛，进而振作起来，心理困扰由此自然就得到了很大排解。

2. 休闲常听音乐，以改变心境

一个人，不管他的心情多么不好，只要能听到与自己的心境完全合拍的音乐，就会感到无比的舒畅。以音乐来摆脱心理困扰时，要注意选择能配合当时心情的音乐，然后逐步将音乐转换到有利于将自己的心情调整到希望获得的方面来。

3. 选择适宜颜色，以滋养身体

美学家通过研究多人的行为发现，犹如维生素能滋养身体一样，颜色能滋养心气，而且效果还较明显。要注意选择适宜的颜色，凡是能使心情愉快的鲜明、活泼的颜色以及具有缓和和镇静作用的清新颜色都可采用。这样，可使你的视觉在适宜的颜色愉悦下，产生滋养心气的效果，并使心理困扰在不知不觉中消释。

4. 做一个三分钟放松运动操，以缓解焦虑

一分钟"抬上身"——缓慢地使身体向下触及地面，双臂保持俯卧撑姿势，然后双手向下推，胸部离开地面，同时抬头看天花板，吸气，然后再呼气，使全身放松。

一分钟"触脚趾"——双手手掌触地，头部向下垂至两膝之间，吸气。保持这个姿势，再抬头挺胸，同时呼气，然后全身放松。

一分钟"伸展脊柱"——身体直立，双腿并拢，在吸气的同时将双臂向上伸直举过头，双掌合拢，向上看，伸展躯干，背部不能弯曲，然后呼气放松。

◯ 懂得释放情绪的毒素

每个人都希望自己能成功，过得幸福，生活一帆风顺，然而生活却难免有坎坷：追求的失落、奋斗的挫折、情感的伤害，等等，这些都让我们的心灵背上了重重的负荷。面对压力，要想获得平和的心，不至于摧残自己的成就感，有一个最重要的方法，那就是不要将外界的全部影响都转变成内心中的情绪，不要让恶劣情绪的能量影响到我们的心情。

生活中，每个人都应该学会调整自己，让自己的心灵有休息的时刻，让自己的内心充满正面能量。在这个过程中你可以将头脑中忧虑、不安、沉重、憎恶等不良情绪清空，取而代之的是愉悦、安定、轻松、满足的心境。

成功学大师卡耐基曾在拉赖因号轮船上举办过一场演讲会。他在演讲中说道："当你感觉到内心有压力和烦恼时，不妨走到船尾去，把烦恼的事一一说出，然后把它们抛到汪洋大海中，注视着它，直到它消逝不见。"这个建议乍听起来仿佛有一点荒诞和幼稚，但是当晚却有一个人跑来对他说："我按照你的话去做了，结果觉得心中非常舒畅，这实在是件令人吃惊的事呀！"这人还继续说道："待在船上的这段时间里，我将天天在日落的时刻，把一切恼人的烦忧抛入大海，直到自己觉得完全没有一丝烦恼为止。"

的确，我们很多时候因为忙碌，因为各种事情的困扰，每天从早到晚地工作，没有给自己与心灵对话的时间。静静地去听一首喜欢的音乐，或者大笑大哭着看完一场电影，简简单单地去野外欣赏大自然的美景，或者只是安安静静地坐着，什么都不想，都不做，又或者周末去除所有忙碌，一个人给自己煮一壶咖啡，惬意地坐在窗前晒着太阳。这样的日子会让自己心情非常的愉悦，我们不必很功利地为了学英语去看外文电影，或者为了学习某些东西去看一些书，只是很简单地、很享受地随手拿起一本自己喜欢的书，很随意地翻看着。

很多时候我们会被各种各样的烦恼所困扰，为自己的前途奔波，为父母的身体担心，为孩子选择学校而忙碌，什么时候我们能够有自己的时间？什么时候能够不被这些很烦琐的事情所左右呢？我们大多的时间被一个叫作"忙碌"的东西所占用，到头来却发现自己需要的东西一个都没有得到，而实际上生活需要一些宁静，自己的心灵需要定期地清空，需要我们将生活中那些烦恼都倒出去，将新鲜的、带有活力的内容填充进来，否则，我们的生活将是一团糟，烦躁、抑郁接踵而来。

这样的安静，可以清空内心的烦恼和忧虑，使我们从压力中解脱出来，当然，仅使心灵空白还是不够的，必须加进一些内容才可，因为人的心灵不能永远呈现空白而毫无内涵，否则，曾经丢弃的消极想法极有可能又会重新蹿入你的思想之中。因此，我们必须在心灵呈现空白的同时，立即注入富有创造性的想法。这样一来，那些负面的想法就无法再对你造成任何影响。久而久之，那些重新注入脑中的新想法将在你的思想中生长，而且能击退任何负面的想法。那时你的心灵将远离压力的困扰，永葆平和。这样的心境正是每一个人所需要的。学会释放情绪，我们才能真正地让自己的心灵享受尘世间的美好。

如果你能够将自己的情绪释放出去，那么由情绪创造出来的负面能量就不会再影响你的心情，你将以更加轻松的心态去面对这个世界。实际上，无论我们面对着什么样的事情，保护好自己的心灵，保护好自己的精力都是相当重要的。

◯ 无论身在何处，每天都追寻积极情绪

困难是错综复杂的，如何运用积极的心态应对困难就显得尤为重要。不论身在何处，面对多大的挑战和困难，当我们在准备迎战时，都应积极向上，这是迎接困难的首要态度。

综合分析人生遇到的挫折与困难，不外乎这三种情况：第一，个人问题，如经济问题、健康问题等；第二，家庭问题，如婚姻；第三，事业工作问题。

当我们在意图解决上述遇到的问题时，应首先努力地做好以下3件事情：

1.用愚己的精神告诉自己"这没什么大不了"。

2.询问长辈的意见，寻找正确解决问题的方法。

3.善于思考，以图找到根本的原因。

或许泛泛而谈，让很多人不能理解积极心态的重要性，那么和大家分享一个积极心态者的故事，你可以深刻地了解到积极心

态如何帮助人们走出困境，如何运用积极的心态解决难题从而取得最后的胜利。

华德从小家境贫寒。在小学的时候就靠卖报纸和擦皮鞋来贴补家用，稍长一些他成为阿拉斯加一艘货船的船员。高中毕业以后他离开家庭，成为流动工人。他热爱赌博，和一群"生活的边缘人"——逃犯、走私犯、盗窃犯等混在一起。华德在赌博的生活中时而赢得大把钞票，时而输得分文不剩，最后终因走私麻药物品而被逮捕判刑。这一年华德34岁。

然而，如此糟糕的华德却因为抛弃了消极的心态，开始每天积极地面对生活，从而改变了自己的一生。内心深处的某个声音一直在告诉他：你不能再这样下去了，改变自己的行为吧，成为这所监狱中最好的囚犯。积极的心态使得华德重新掌握了自己的命运。

他开始在狱中寻找可以使自己过得更快乐的方法。他发现书中有他想要的答案。他孜孜不倦地在书中寻找快乐，直至他73岁去世，都没离开这些书本朋友。

在狱中积极的生活使得华德受益良多。良好的服刑态度，友善的为人让周围的人对其改变了看法。在懂得电学的囚犯的帮助下，华德掌握了电学相关的知识；得当的言谈举止让他在狱中获得了一份不错的工作，他成了监狱电力厂的主管；在狱中对布朗比基罗公司经理比基罗亲切的态度，为自己出狱谋得了安身立命的地方。华德在出狱以后得到了比基罗的帮助，积极生活的他两个月内成了工头，一年后成为了主管，最后成为了副会长和总经理。

华德在积极心态的帮助下获得了自己人生的幸福。试想如果他没有入狱，继续和边缘的人鬼混在一起，继续用消极的态度面对生活，也许就不会有他最终的辉煌。

这个故事除了告诉大家要学会用积极的心态面对生活，改变人生外，更重要的是人不能用消极的心态去生活。悲观消极的情绪是具有传染性的，你善待生活，生活也会善待你。华德在狱中学会了用积极的心态去解决问题，最终生活善待了他，让他成为了一个有益社会的成功人士。

◯ 保持自信，谁都能爆发出惊人力量

一个人的一生中不可能没有挫折，战胜挫折、追求成功离不开自信的心态。

自信心是引导人们走向胜利的阶梯。一般来说：自信心充足者的适应能力就高，反之，适应能力则较低。很多人之所以终生默默无闻，就是因为他们缺乏自信。

曾经有人做过这样一个调查：你自己认为最难解决的私人问题是什么？在被调查的人中，75% 的人在答卷上选择"信心不足"的答案。

十分巧合的是，这个世界上至少有 2/3 的人营养不良，也就是说，这个世界上信心不足的人数和营养不良的人数一样多。营养不良，使人身体无法正常发育；自信心不足，也会带来精神上的发育不良。

缺乏自信心，是人生的一大悲哀。这种悲哀在于，他们把"自我"丢失了。他们不相信自己的能力，甚至在做决定的时候，也只会亦步亦趋。可想，一个丢失了"自我"的人，怎么能够体会到生活的乐趣？

相反，当自信心融合在思想里时，一个人便能爆发出惊人的力量，这种力量能促使人更快实现成功。也就是说，自信心对成功来说是非常重要的，而缺乏自信心的人将一事无成。

英国诗人济慈幼时父母双亡，一生贫困，备受文艺批评家抨击，恋爱失败，身染痨病，26 岁即去世。济慈一生虽然潦倒不堪，却从来没有向困难屈服过。他在少年时代读到斯宾塞的《仙后》之后，就肯定自己也注定要成为诗人。一次，他说："我想，我可以跻身于英国诗人之列。"就这样，济慈一生都致力于这个最大的目标，并最终成为一位永垂不朽的诗人。

相信自己能够成功，成功的可能性就会大为增加。如果一个人自己心里认定会失败，那他就没有足够的信心去克服困难，也就很难获得成功。因此，对于任何一个人来说，要想战胜前进途中的困难，要想尽快取得成功，就必须不断增强自己的自信心。

要增强自信心，就必须培养并相信自己的能力。众所周知，电话是贝尔发明的，可是，很少有人知道，在贝尔之前，就有人发明了电话，只是当时公众并不相信他的发明，结果这个人就放弃了；贝尔发明了电话后，起初也不被大家理睬和相信，但是他依然满怀信心，不断利用各种机会广泛宣传，终于把电话推广开来。

从贝尔发明电话的例子中，我们可以看出：一个人相信自己的能力和不相信自己的能力，结果完全不同。

1993 年秋，宁夏人民出版社出版了一位农民写的书——《青山洞》。小说的作者叫张效友，1949 年出生在陕西省定边县石洞沟乡一个贫困的农民家庭，小学三年级就辍学了。

1972 年，23 岁的张效友参加了"四清"工作队。到 1978 年，6 年的时间里，他深深体验到了农村生活的复杂性。他有自己的独立看法，却又无法向同伴们诉说，这使他深感压抑。他要寻求诉说的途径，于是决定写小说。他向一位朋友说出了自己的想法，可是朋友却猛泼了他一顿凉水。朋友认为张效友文化层次太低，写小说不可能。

张效友却认为：苏联的奥斯特洛夫斯基没有文化却写成了《钢铁是怎样炼成的》。张效友越想越不能平静，他想：作家是人，咱也是人，有什么写不了的。什么文化不文化的，他们一开始就有文化吗，写上几年不就有文化了？

从此以后，他白天忙农活，晚上在厨房里构思。他定下了一个思路，不太满意，又推翻重来。一点一点地想，一点一点地安排，每一部分写什么事，如何连贯，反复推敲，以后又反复修改。就这样，竟折腾了两年，终于把全书的框架基本确定下来了。

慢慢地，他终于找到了感觉，他说："写书看来不是那么容易，不过也不是不能写。需要下工夫那是肯定的。"

没过多久，麻烦来了。干农活时他心不在焉，心里塞满了书，连续烧坏了五台浇灌用的电动机，损失上千元。为了省时间，他还把责任田以自己三别人七的比例承包给了他人。妻子终于忍无可忍将他的书稿全部烧掉。张效友悲痛欲绝，想要投井自尽，被儿子抱住了双腿。

在那段时间里，他一连几个星期被绝望的情绪紧紧围绕着。后来，他想，自古英雄多磨难，不经历风雨，怎能见彩虹？稿是人写的，重写！为了避免重蹈覆辙，他偷偷地将冬天贮藏土豆的菜窖清理出来，躲在地窖里夜以继日地忘我工作。

后来，妻子病了，他很内疚，决定先放下写作去挣钱。他到西安打工，走进劳务市场，突然觉得灵感来了。他掏出纸就写。过了一段时间找不到工作，听说银川工作好找，又到银川。带的钱花光了，没有饭吃，更没有钱买纸笔。最终还是没找到工作，只能"打道回府"。

回到家里，妻子一气之下抢下他的书包，掏出手稿，扔进了火炉里，几个月的心血又白费了。好在这只是一部分。张效友说：

"你烧吧，只要你不把我人烧了，你烧多少我还能写多少。"看到张效友决心这样坚定，妻子终于被感动了。

张效友 40 万字的长篇小说《青山洞》终于在 1993 年秋天由宁夏人民出版社出版发行了。两年后，他的作品荣获榆林地区 1991 ~ 1995 年度"五个一工程"特别奖。1995 年 6 月 20 日，中央电视台播出了他的事迹。

有了自信，农民也可以写书，是自信改变了张效友的人生轨迹。

自信是一块伟大的奠基石，有信心都能创造奇迹。在所有的困难与挫折面前，只要你还相信自己，还保留着自信，所有的困难都是纸老虎，所有的挫折终将会化成灰烬。

◯ 把精力放在自己的优势上

生活中，你虽然没有别人英俊潇洒，但你可能身强体壮；你虽然不会琴棋书画，但你可能思维敏捷，逻辑清晰……上帝不会给人全部，但他绝对不会亏待你，所以你一定要做自己的伯乐，发掘自己的潜能。

查理是一个盲人，但他并不为此忧伤，他相信自己的失明中隐含着一份礼物。因为失明不仅促使他去面对并克服新的挑战，而且让他能完全专注于做他能做的事——他经营着一所残障学校。

他说:"虽然我无法阅读,也看不见人们的脸,但我可以听见声音,我还可和学生们进行交流,了解他们的想法,并把自己的人生经验告诉他们,促使他们少犯或者不犯错误。"

查理具有演说方面的才能,经常面对一群小朋友演讲。他告诉这些小朋友,无论在人生中遇到什么样的难题,不管这难题有多大或看似多么无法克服,如果能从每一段经历中看到正面意义,就有办法实现梦想。

这些观点对残障的小朋友来说十分重要。他说:"也许有些人会对他们说很多事都不可能做到。然而,如果有态度积极正面的人从旁鼓励,他们还是可以达成某些目标的。"

查理的目的就是"我要传达给孩子们的信息,就是不要只看到自己的局限,而是教他们把精力放在他们所拥有的能力、条件及优势上"。

查理本是一个失明的人,但并没有陷入自己的不幸之中,反而关注自己演说的优势才能,告诉孩子们学会重新审视自己的长处,并从中找到正面意义,也就是每件事情的"转机"。

有一个探险家,决定前去非洲的土著中探险。他随身带了一些不怎么值钱的小装饰品,打算送给当地的土著人。在这些东西当中,有两面真人大小的镜子。这天,他走得实在太累了。于是,他就把这两面镜子靠着两棵树放好,然后就坐下来休息。

这时候探险家看到有个土著人,手里拿着长矛正在向镜子走过来，当这个土著人向镜子里走来的时候，他看见了自己的镜像，于是开始向镜子里的对手刺去。当然，他打碎了这面镜子。

这时，探险家向这个土著人走去，说："你为什么要打碎镜子？"土著人回答说："他要杀我，我就先杀了他。"探险家笑了。

探险家让这个土著人放下手中的长矛，并把他带到第二面镜子前解释说："你看，镜子是这样一个东西：通过它，你可以看到你的头发很浓密，你脸色很红润，你的胸部多么健壮，你的肌肉多么发达。"

土著人回答说："噢，我不知道。"

生活中，成千上万的人都和这个土著人差不多。他们穷其一生与生活抗争，看不到自己的优势。生活中的你绝对不要像土著人那样，穷其一生都不能发现自己的力量。发现你自己、做自己的伯乐，你的人生就是一片光明。

中国台湾作家三毛曾说："在我的生活中，我就是主角。"你是你命运的主人，你是你灵魂的舵手，不要让自己成为一个生活的看客。一个永远受制于人，被人或物"奴役"的人绝享受不到创造之果的甘甜。

善于驾驭自己命运的人，是最幸福的。在生活道路上，我们不要一味地埋怨自己的不幸，而是要学会关注自己的优势，勇于驾驭自己的命运。只有这样，我们才能调控自己的情感，克服困难，超越挫折，主宰自我，做命运的主人。

4

第 四 章

专注力自控：
精力聚焦的惊人力量

◯ 把精力集中在有价值的事情上

德国著名思想家约翰·沃尔夫冈·冯·歌德说过："一个人不能骑两匹马，骑上这匹就要丢掉那匹。"的确，人的精力有限，希望什么都抓住，最后注定什么也抓不住。而专注地做一件事却不同，它能让所有的能量聚焦在一点，让人们获得更强大的力量。在面临抉择的时候，唯有把精力集中到对自己真正有价值的东西上，才能让专注的力量发挥到最大。而你接下来走的每一步都会心无旁骛，在最短的时间到达胜利的彼岸。

麦当劳品牌的创始人克罗克以非凡的管理才能，把麦当劳兄弟经营的小餐馆变成了世界快餐中数一数二的品牌，自己也成为美国最有影响力的企业家之一。据说，当年从麦当劳兄弟手里买下特许经营权的除了克罗克之外，还有一个荷兰人。两人走的是完全不同的经营之路。相比之下，克罗克看起来比较"愚蠢"：他只开麦当劳店，加工牛肉，养牛的钱都任由别人赚；而荷兰人则显得很"聪明"，他不仅开麦当劳店，而且所有赚钱机会都不让别人染指。他投资开办牛肉加工厂，使加工牛肉的钱也流入自己的腰包。后来他想自己干吗买别人的牛，让别人赚走养牛的钱呢？

于是他又办了一个养牛场。

很多年过去了，克罗克把麦当劳开遍了全世界，而那个荷兰人呢？人们找啊找，终于在荷兰的一个农场里找到了他。他只是养了 200 头牛，开了个牛肉加工厂而已。

克罗克是聪明的，他在面临抉择的时候选择了真正有价值的东西。他没有像那个荷兰人一样，只为了眼前利益，把能力分散在各个领域，而是把心思全部集中在卖快餐上。这样的他才能聚焦内在的全部能量，从而一步步地走向成功。

纷乱的世界让人们的视线顾此失彼，常常被各种各样新鲜的事物迷惑，心思难以沉静下来，自然无法判断事物的价值高低。每个人都只有一个大脑、一颗心，如果把注意力分散到各个领域，得到的自然也是零散的回报。

法国的博物学家拉马克是兄弟姐妹 11 人中最小的一个，最受父母宠爱。他的父亲希望他长大后当牧师，便送他到神学院读书。可他却爱上了气象学，想当个气象学家，整天仰首望着多变的天空；没多久，他又在银行找到了工作，想当个金融家；后来他又爱上了音乐，整天拉小提琴，想成为一个音乐家；后来，他的一位哥哥劝他当医生，于是他又学医 4 年。一天，拉马克在植物园散步时，遇到了法国著名的思想家、文学家卢梭。受卢梭的影响，"朝三暮四"的拉马克确定了自己的奋斗目标，他用 26 年的时间系统地研究了植物学，写出了名著《法国植物志》。后来，他又用

35 年的时间研究了动物学，成了一名著名的博物学家。

拉马克的一生正是一场探寻人生价值的过程。从开始的盲目、"朝三暮四"，到后来"确定了自己的奋斗目标"，并潜心研究，他最终获得了成功。大多数人都会经历拉马克最开始的过程，因为他们不知道什么才是生命中最有价值的东西。他们总是到处乱撞，寻找到一样事物，他们认为很好、很有价值；再寻找到一样，他们会认为新找到的更好、更有价值，因此放弃了前面找到的。生命总是在这样不断寻找、不断丢弃的过程中前进，结果终其一生，他们手中握有的只是最后找到的，却不一定是最好的。

遍地撒种不一定遍地开花，要想做好一件事，最省力的办法就是选择对自己有价值的东西，接下来集中精力把这件事做好。专注的力量是惊人的，集中精力专注于自己选择的事情，这样才能轻松而有效率地达到自己的目标。人生中有许多事情要做，也有许多事情等待你去做，但无论做什么、怎样做，都有待于你自己做出选择，将有限的精力集中投入到有限的事情之中，这样才是明智之举。

⚫ 做一个全力以赴的人

研究发现，人类有 400 多种优势。成功心理学创始人之一的唐纳德·克利夫顿说："在成功心理学看来，判断一个人是不是成功的，最主要的是看他是否最大限度地发挥了自己的优势。"而最大限度地发挥优势的方法之一就是——专注地发挥自己的优势，做一个全力以赴的人。

要专注地发挥自己的优势，你必须相信自己的内在存在着一股力量。当以专注之心启动自己的优势力量时，你身边的能量场就会产生一种特定的振动频率。你可以感觉到它，也可以运用它为自己吸引更多发挥优势的因素与条件，从而让专注的力量变得更强大。

著名雕刻大师奥古斯特·罗丹集中一切力量专注于艺术的精神，值得每一个人学习。有一次，罗丹和他的一位奥地利朋友一起来到他的工作室。在那间有着大窗户的简朴屋子里，有完成的雕像，有已动工而搁下的雕像，有堆着草图的桌子，还有许许多多小塑样：一只胳膊、一只手，有的只是一个手指或者一段指节。这间屋子是罗丹一生不断追求与劳作的地方。罗丹进屋后便罩上了粗布工作衫，就好像一个工人。很快，他在一个台架前停下。

"这是我的近作。"他说着，把湿布揭开，现出一座女正身像。"这已完工了吧？"朋友说。罗丹退后一步，仔细看着。但是在审视片刻之后，他低语了一句："这肩上的线条还是太粗。对不起……"他拿起刮刀、木刀片轻轻滑过软和的黏土。他健壮的手不停地修改着，他的眼睛闪耀着光芒。"还有那里……还有那里……"他又修改了一下。他把台架转过来，含糊地吐着奇异的喉音。他时而高兴得眼睛发亮，时而苦恼地蹙着双眉，他已经完全融入自己的雕塑世界中。这样过了半小时，一小时……他没有再向他的奥地利朋友说过一句话。他忘掉了一切，除了他要创作的塑像。

最后，带着喟叹，他扔下刮刀，像一个男子把披肩披到情人肩上那样温柔地把湿布蒙在女正身像上。他转身要走，但在快走到门口时，他看见了朋友。他凝视了一会儿，就在那时他才记起，他显然为他的失礼感到惊惶："对不起，先生，我完全把你忘记了，可是你知道……"

罗丹正是将精力完全投入到自己喜欢的艺术事业中，才得以在人类美术史上留下了浓重的一笔，成为继米开朗琪罗之后雕塑史上的又一座高峰。诚然，罗丹的优势在于雕刻艺术，他将专注力全部倾注于优势上，如虎添翼，让他的雕塑更加完美逼真。他的故事告诉我们：要想成功，就需要把精力全部聚焦到某一个优势上，接下来全力以赴，使这个优势发挥出最大作用，这样我们离成功也就不远了。

◯ 不再"四处救火"，你必须拥有专注力

你是否有过这样的沮丧经历，你忙于"四处救火"，一天忙到晚，但你的努力却没有什么回报，几乎所有的事情都陷入拖延的状态。

有时你是否会因为时光不断流逝，却无法迅速做完事情而生自己的气？你明白自己不应该再拖延，但你却不清楚如何才能做这种改变。

　　实际上，这一改变需要专注。你如果注意力分散、无法集中精力，那是再正常不过的事。在清醒的每一刻，你忙于应付来自外界的各种干扰，这会儿你的注意力被铺天盖地的广告占据，下一秒你的注意力可能就被父母或同事的唠叨所占据。当初自己所设定的那些目标，总是那么地遥不可及，而这一切都是不够专注的错。

　　戴尔公司董事会主席戴尔·迈克尔说过："专注，具有神奇的力量。它是一把打开成功大门的神奇之钥！它能打开财富之门，它也能打开荣誉之门，它还能打开潜能宝库的大门。在这把神奇之钥的协助下，我们已经打开了通往世界所有各种伟大发明和成功的秘密之门。"

　　康威尔专心于发表一篇单独演说《满坑满谷的钻石》，结果使他获得了超过600万美元的报酬。

　　赫斯特专心于创办煽情性的报纸，使他赚入几百万美元。

　　伊斯特曼致力于生产柯达小照相机，为他赚进数不清的金钱，也为全球人类带来无比的乐趣。

　　雷格莱专心于生产及制造一包五美分的口香糖，结果使他赚进数以百万计的利润。

　　杜何帝专心于建造及经营公用事业工厂，并使自己成为一名百万富翁。

英格索致力于生产廉价手表，终于使全世界充满各式各样的钟表，也使他获得了大笔财富。

巴尼斯专心于销售爱迪生牌语音机，他在年轻时就宣布退休，那时他已经为自己赚进了用不完的钱。

吉利致力于生产安全刮胡刀片，使全世界的男人都能把脸刮得"干干净净"，也使自己成为一名百万富翁。

洛克菲勒专心于石油事业，使他成为他那一时代最有钱的商人。

福特专心于生产廉价小汽车，结果使他成为有史以来最富有及最有权势的人物。

卡内基专注于钢铁事业，积聚了庞大的财富，他的姓名被刻记在美国各地的公共图书馆里。

专注让人获得成功，也让人享受迅速完成工作的乐趣。人们能够在专注中忘却烦恼与哀愁，当一个人集中精力专注于眼前的工作时，做事就不会觉得很痛苦，也不再风风火火和毛躁。对工作的专注，甚至还能使一个人更热爱公司，更加热爱自己的工作，并从工作中体会到更多的乐趣。

一个人不能专注自己的工作，是很难把事情做好的。专注于某个目标，并全身心投入的人，往往会创造出工作的奇迹。

当我们专注于一件事时，你会发现自己的思维异常活跃，能够高效率地做事，而且许多平时难以解决的难题也会变得简单起来。这就是专注的力量。

凯特在一家广告公司做创意文案。一次，一个著名的洗衣粉制造商委托凯特所在的公司做广告宣传，负责这个广告创意的好几位文案创意人员拿出的东西都不能令制造商满意。没办法，经理让凯特把手中的事务先搁置几天，专心把这个创意文案完成。

连着几天，凯特在办公室里对着一整袋的洗衣粉在想："这个产品在市场上已经非常畅销了，人家以前的许多广告词也非常富有创意。那么，我该怎么下手才能重新找到一个点，做出一个与众不同、又令人满意的广告创意呢？"

有一天，他在苦思之余，把手中的洗衣粉袋放在办公桌上，又翻来覆去地看了几遍，突然间灵光闪现，想把这袋洗衣粉打开看一看。于是，他找了一张报纸铺在桌面上，然后，撕开洗衣粉袋，倒出了一些洗衣粉，一边用手揉搓着这些粉末，一边轻轻嗅着它的味道，寻找感觉。

突然，在射进办公室的阳光照耀下，他发现了洗衣粉的粉末间遍布着一些特别微小的蓝色晶体。审视了一番后，证实的确不是自己的眼睛看花了，他便立刻起身，亲自跑到制造商那儿问这到底是什么东西。之后，他得知这些蓝色水晶体是一些"活力去污因子"。因为有了它们，这一次新推出的洗衣粉才具有了超强洁白的效果。

明白了这些情况后，凯特回去便从这一点下手，绞尽脑汁，寻找最好的文字创意，后来他做出了非常成功的广告方案。广告播出后，这项产品的销量急速攀升。

爱迪生认为，高效工作的第一要素就是专注。他说："能够将你的身体和心智的能量锲而不舍地运用在同一个问题上而不感到厌倦的能力就是专注。对于大多数人来说，每天都要做许多事，而我只做一件事。如果一个人将他的时间和精力都用在一个方向、一个目标上，他就会成功。"凯特的经历就充分证实了这一点。

很多人之所以习惯拖延，并不是因为他们没有才干，而是他们无法专注。专注是高效工作的"捷径"，一心一意地专注于自己的工作，是每个优秀者获取成功不可或缺的品质。

◯ 排除一切干扰，专注地投入其中

很多时候，我们并不喜欢总是拖延，因为要疲于应付外界的各种干扰，事情不知不觉中就耽搁下来了。

不拖延的奥秘就是做到专心致志、心无旁骛。心无旁骛的人在做任何事情的时候，都能够不被外界影响，专心于自己的目标上，工作高效并最终获得成功。

孔子带领学生去楚国采风。他们一行从树林中走出来，看见一位驼背翁正在捕蝉。他拿着竹竿粘捕树上的蝉，就像在地上拾取东西一样自如。

"老先生捕蝉的技术真高超。"孔子恭敬地对老翁表示称赞后问："您对捕蝉想必是有什么妙法吧？"

"方法肯定是有的，我练捕蝉五六个月后，在竿上垒放两粒粘丸而不掉下，蝉便很少逃脱；如垒三粒粘丸仍不落地，蝉十有八九会捕住；如能将五粒粘丸垒在竹竿上，捕蝉就会像在地上拾东西一样简单容易了。"

捕蝉翁说到此处，捋捋胡须，开始对孔子的学生们传授经验。他说："捕蝉首先要先练站功和臂力。捕蝉时身体定在那里，要像竖立的树桩那样纹丝不动；竹竿从胳膊上伸出去，要像控制树枝一样不颤抖。最重要的是，注意力高度集中，只要我捕蝉，无论天大地广，万物繁多，在我心里只有蝉的翅膀。无论风吹鸟鸣，我都不被打扰。精神到了这番境界，捕起蝉来，还能不手到擒来、得心应手吗？"

驼背翁捕蝉的故事不仅给孔子及弟子们以启示，也给我们以启示：不被任何事情打扰，才能出色高效地完成事情。一个人，假如想尽快做自己的事，却被周围很多事情吸引注意力，很轻易地被打扰，这样的人做事肯定喜欢拖延。要知道，很多所谓做事迅速的人无不是克服了外界的很多打扰，能够忽视外界的影响，全身心地投入，他们往往也是各行各业的佼佼者。

著名的 IBM 公司在招聘员工时，通常在最后一关时，都由总裁亲自考核。

营销部经理约翰在回忆当时应聘的情景时说："那是我一生中最重要的一个转折点，一个人如果没有心无旁骛的精神，那么他就无法抓住成功的机会。"

那天面试时，公司总裁找出一篇文章对约翰说："请你把这篇文章一字不漏地读一遍，最好能一刻不停地读完。"说完，总裁就走出了办公室。

约翰心想：不就读一遍文章吗？这太简单了。他深吸一口气，开始认真地读起来。过一会儿，一位漂亮的金发女郎款款而来，"先生，休息一会儿吧，请用茶。"她把茶杯放在桌几上，冲着约翰微笑着。约翰好像没有听见也没有看见似的，还在不停地读。又过了一会儿，一只可爱的小猫伏在他的脚边，用舌头舔他的脚踝，他只是本能地移动了一下他的脚，丝毫没有影响他的阅读，他似乎也不知道有只小猫在他脚下。

那位漂亮的金发女郎又飘然而至，要他帮她抱起小猫。约翰还在大声地读，根本没有理会金发女郎的话。终于读完了，约翰松了一口气。这时总裁走了进来问："你注意到那位美丽的小姐和她的小猫了吗？"

"没有，先生。"

总裁又说道："那位小姐可是我的秘书，她打扰了你几次，你都没有理她。"

约翰很认真地说："你要我一刻不停地读完那篇文章，我只想如何集中精力去读好它，这是考试，关系到我的前途，我不能不专注于更重要的一些事。别的什么事我就不太清楚了。"

总裁听了，满意地点了点头，笑道："小伙子，你表现不错，你被录取了！在你之前，已经有很多人参加考试，可没有一个人及格。"他接着说："在纽约，像你这样有专业技能的人很多，但像你这样专注工作的人太少了！"

果然，约翰进入公司后，靠自己的业务能力和对工作的专注热情，很快得到提升。

心无旁骛，会让我们做事情更加高效。在进行工作时，如果不断地因为外界的打扰分散注意力，就不能专注于当前正在处理的事。如果一个人不能忽视外界影响，而是一会儿被一个电话，一会儿被一个短信，一会儿被别人说的话干扰，工作效率就会大打折扣。

养成心无旁骛的习惯，你的工作会变得更有效率，你也能更加乐于工作。一方面，当你心无旁骛地工作时，你不被任何外界因素打扰和影响，你对工作的焦虑会大大减轻。因为你越是不被外界打扰，越能排除搅扰你注意力的因素，你心中的事情就越来越少，而很多时候工作上的毛躁与焦虑是因为我们心中的事情太多。另一方面，当我们心无旁骛的工作时，外界因素在我们心中就会居于次要的地位，我们会少了很多对工作环境和同事的抱怨，自然与同事的关系更和谐，享受到更多的工作乐趣。

无论做什么事，心无旁骛地完成自己已锁定的目标，不被外界打扰是高效工作、做事不拖延的关键，它会让你在享受工作的快乐的同时，也享受事业的成功。

◯ 聚焦你的全部力量

一个人的精力总是有限的，即使天才也是一样。如果投入精力过于分散，就会像阳光散射在纸上；只有把精力集中到一点上，才有可能使事业之纸燃烧。就像通过凸透镜把众多光束集中到一个焦点，从而引起燃烧一样，人的智慧和力量也可以在"聚焦效应"作用下形成成才所必需能量。

好多年前，有人要将一块木板钉在树上当搁板，贾金斯走过去管闲事，想要帮那个人一把。那人说："你应该先把木板头子锯掉再钉上去。"于是，他找来锯子之后，还没有锯到两三下又撒手了，说要把锯子磨快些。于是他又去找锉刀。接着又发现必须先在锉刀上安一个顺手的手柄。于是，他又去灌木丛中寻找小树，可砍树又得先磨快斧头。磨快斧头需将磨石固定好，这又免不了要制作支撑磨石的木条。制作木条少不了木匠用的长凳，可这没有一套齐全的工具是不行的。于是，贾金斯到村里去找他所需要的工具，然而这一走，就再也不见他回来了。

后来人们发现，贾金斯无论学什么都是半途而废。他曾经废寝忘食地攻读法语，但要真正掌握法语，必须首先对古法语有透彻的了解，而没有对拉丁语的全面掌握和理解，要想学好古法语是绝不可能的。贾金斯进而发现，掌握拉丁语的唯一途径是学习梵文，因此便一头扑进梵文的学习之中，可这就更加费时了。

贾金斯从未获得过什么学位，他所受过的教育也始终没有用武之地。但他的先辈为他留下了一些家产。他拿出 10 万美元投资办一家煤气厂，可造煤气所需的煤炭价钱昂贵，这使他大为亏本。于是，他以 9 万美元的售价把煤气厂转让出去，开办起煤矿来。可这又不走运，因为采矿机械的耗资大得吓人。因此，贾金斯把在矿里拥有的股份变卖成 8 万美元，转入了煤矿机器制造业。从那以后，他便像一个内行的滑冰者，在有关的各种工业部门中滑进滑出，没完没了。

事实上，我们许多人就像贾金斯一样，做的事情很多，今天搞销售，明天又从事管理，后天又去搞产品开发等，结果没有一样做好。这些人之所以没有什么成就，原因就是没能够在一个行业生根，没能把自己的全部能力聚焦在一个点上。

日本有句谚语叫作"滚石不生苔"。一个人如果无法把能量聚焦在一个领域上，不断地离开原来的工作转而从事新的工作，就像"滚石"一样，虽然经历了很长时间的磨炼，积累了很多东西，但无形中又把它们都损失掉了。他所积累的资历、职位、经验和人际关系网络等等，都会因为他无法聚焦能量在一点上而付诸东流。一个做事无法把所有能量聚焦在一个点上的人只能在一个台阶上打转，就算走得再久也无法登上下一个阶梯。

你也许会注意到，针尖虽然几乎细不可见，剃刀或斧头的刀刃虽然薄如纸片，然而，正是它们在披荆斩棘中起着决定性的开路先锋的作用。如果没有针尖或刀刃，那么针或刀都无法发挥作用。在生活中，能够克服艰难险阻，最后顺利到达成就巅峰的人，也必是那些能够在某一行业学有所专，真正地将自己的能量聚焦在某一个点，因而有着刀刃般锐利锋芒的人。只有将光与热聚焦到一个点上，才能产生最大的力量，才能高效地工作！

⊙ 争取一次就把事情做到位

有一位地毯商人，看到最美丽的地毯中央隆起了一块，便把它弄平了；但是在不远处，地毯又隆起了一块，他再把隆起的地方弄平；不一会儿，在一个新地方又再次隆起了一块；如此一而再、再而三地，他试图弄平地毯；直到最后他拉起地毯的一角，看到一条蛇溜出去为止。

很多人解决问题，就像这位地毯商人一样，并非第一次就把事情解决，只是把问题从系统的一个部分推移到另一部分，或者只是完成一个大问题里面的一小部分，经过一而再再而三的重复，极大地浪费了时间。

很多人都有这种思维：这次做不对，还有下次呢。可是，下次到了，又推到了下下次，如此，事情永远得不到彻底的解决。比如，工厂的某台机器坏了，负责维修的师傅只是做一下最简单的检查，只要机器能正常运转了，他们就停止对机器做一次彻底清查，只有当机器完全不能运转了，才会引起人们的警觉，这种只满足于小修小补的态度如果不转变，将会给公司和个人带来巨大的损失。正确的做法是第一次就把事情做对，不把问题留给下一次。

对于任何一件工作，要么干脆不做，要么一次性解决，第一次就把事情做对。一步到位是一种绝对认真的做事方式。做一件事，我们如果存有下次再来或会有别人解决的想法，那么，我们这一次就不会全身心投入，失败的几率就很大。

李伟是一家广告公司创意部的经理，但他有一个毛病，就是做事粗糙，为此曾给自己和公司的工作带来不少麻烦，他自己也苦不堪言。

有一次，公司接到一个客户的任务。由于完成任务的时间比较紧，在第一次审核广告公司回传的样稿时，没有仔细检查。后来，在反复修改中，他自认为已经经过了好几次的审核了，应该没问题的。于是，就放心交出去了自己手中完成的业务。没想到，在发布的广告中，他弄错了一个电话号码——服务部的电话号码被他们打错了一个。而正在他第一次检查的时候根本就没有注意。结果，就是这么一个小小的错误，给公司导致了一系列的麻烦和损失。他个人也因此受到了不小的处分和罚款。

我们平时最经常说到或听到的一句话就是："我很忙。"是的，在上面的案例中，李伟的确很忙，时间紧任务重。可是，忙了大半天却忙的是不正确的事情。这一切，只是由于李伟在第一次审稿的时候，没把错误找出来，没把事情做对。

所以，在"忙"得心力交瘁的时候，我们是否考虑过这种"忙"的必要性和有效性呢？整天忙忙碌碌，也要停下脚步检查一下，自己是否是有为的，是否在做着像李伟一样，费力不讨好的工作呢？假如李伟在第一次审核样稿的时候稍微认真一点，就不会造成如此重大的损失。由此可见，第一次没做好，不仅浪费了时间，更花费了一些本不该付出的冤枉债。

如果第一次没把事情做对，忙着改错，改错中也很容易忙出新的错误，恶性循环的死结就越缠越紧。这些错误往往不仅让自己忙，还会放大到让很多人跟着你忙，造成整个团队的工作效率低下。

所以，盲目的忙乱毫无价值，必须终止。再忙，我们也要在必要的时候停下来思考一下，用脑子使巧劲解决问题，而不是盲目地拼体力交差，第一次就把事情做好，把该做的工作做到位，这正是解决"忙症"的要诀。

"千里之堤，溃于蚁穴。"每个人第一次都发现了问题，如果没有采取行动，就会酿成不可估量的损失。再小的问题，如果不在第一次就有效地解决，它会像滚雪球一样不断加剧，直至演化到不可收拾的地步。同样，在现实工作中，失败常常是因为许多个第一次残留的错误积累酿成的。

我们工作是为了忙着创造价值，而不是忙着制造错误或改正错误。只要在工作完工之前想一想出错后会带给自己和公司的麻烦，想一想出错后会造成的损失，就应该能够理解"第一次就把事情完全做对"这句话的分量。同时，在效率为上的社会，第一次就把事情做对是企业赢得竞争胜利的不二法宝，也是个人迈向成功的关键。

◯ 越简单，越高效

在许多人的印象中，做任何事情仿佛是与复杂结缘的：他们不仅把问题看得复杂，更把解决问题的方式变得复杂，甚至钻到"牛角尖"里无法出来。

学会把问题简单化，是克服拖延的一项重要习惯。马上行动，追求简单，事情就会变得越来越容易。化繁为简，可以让你的工作变得可行，你的信心也会跟着大增。

现代社会，工作步调愈趋复杂与紧凑，很多时候都将原本的简单问题复杂化了，这时，"保持简单"是最好的应对原则。

"简单"来自清楚的目标与方向，知道自己该做哪些事、不该做哪些事。工作中无所适从的时候，选择简单之法不失为聪明之举。

当年，迪斯尼乐园经过三年施工，即将开放，可路径设计仍无完美方案。一次，总设计师格罗培斯驱车经过法国一个葡萄产区，一路上看到不少园主在路旁卖葡萄少人问津，山谷前的一个葡萄园却顾客盈门。原来，那是一个无人看管的葡萄园，顾客只要向园主老太付5法郎，就可随意采摘一篮葡萄。该园主让人自由选择的方法，赢得了众多顾客的青睐。

大师深受启发，他让人在迪斯尼乐园撒下草种，不久，整个乐园的空地就被青草覆盖。在迪斯尼乐园提前开放的半年里，人们将草地踩出许多小径，这些小径优雅而自然。后来，格罗培斯让人按这些踩出的路径铺设了人行道。结果，迪斯尼乐园的路径设计被评为世界最佳设计。

我们在做任何事情的时候，如果感到走投无路，纷繁杂乱，不如把事情简单化，从最简单的地方入手。因为想得太复杂，就会有太多的顾虑，这样反而会让我们走弯路，事情的结果也会和我们希望的相反。

"奥卡姆剃刀"就是简单思维的一个重要原则，它是由出生在英国奥卡姆的威廉提出。根据"奥卡姆剃刀"这一原则，对任何事物准确的解释通常是那种"最简单的"，而不是那种"最复杂的"，这就像电脑无法启动，我们需要的是先看看是不是电源没有接好，而不是将电脑主机拆开检查是否是某个硬件坏了。

"奥卡姆剃刀"的原则看起来很通俗，但是很切合实际。现实中，我们很多人自以为掌握了丰富的知识，所以遇事往往容易往复杂处想，这样一来，我们的思路就会变得复杂。其实，很多时候，往往是简单的思路产生了绝妙的点子。

从方法论角度出发，"奥卡姆剃刀"就是舍弃一切复杂的表象，直指问题的本质。可惜，当今有不少人，往往自以为掌握了许多知识，喜欢将一件事情往复杂处想。

一家著名的日用品公司换了一条全新的包装流水线，但是之后却连连收到用户的投诉，抱怨买来的香皂盒子里是空的，没有香皂。这立刻引起了这家公司的注意，并立即着手解决这个问题。一开始公司准备在装配线一头用人工检查，但因为效率低且不保险而被否定了。这可难住了管理者，怎么办？不久，一个由自动化、机械、机电一体化等专业的博士组成的专业小组来解决这个问题，没多久他们在装配线的头上开发了全自动的 X 光透射检查线，透射检查所有的装配线尽头等待装箱的香皂盒，如果有空的就用机械臂取走。这时，同样的问题发生在另一家小公司。老板吩咐流水线上小工务必想出对策解决问题。小工申请买了一台工业用的强力电扇，放在装配线的头上去吹每个肥皂盒，被吹走的便是没放肥皂的空盒。

同样的问题，一个花了大力气、大本钱研究了 X 光透视装备，一个却用简单的电风扇吹走空的肥皂盒，不同的方法一样解决问题。或许有人认为小工想到的用风扇吹走空肥皂盒的方法太简单，太没有技术含量，但是，它达到了目的，解决了问题，这就足够了。

在工作中，没有人不希望最快、最有效地解决问题。但有的人能做到，有的人却做不到。这其中原因有很多，有时候正是因为我们把问题想得太复杂，所以使得解决方法无处可寻。当我们的思路又变得开始复杂时，应该时刻提醒自己：该拿起"奥卡姆剃刀"了，剪掉那些纷杂的思绪。

世界是复杂的，但也是简单的，只是我们常常被自己的习惯性思维禁锢，从而把简单的事情弄复杂了。如何将复杂的事情回归于简单，根除工作的"复杂病"，是每一个人都需要思考的问题。

○ 切忌"眉毛胡子一把抓"

"眉毛胡子一把抓"只会让我们分不清事情的轻重缓急，无法按照"何者当先""何者宜后"的原则处理问题。而如何防止"眉毛胡子一把抓"正是我们很多人都在思考的问题。有效的时间管理可以带来美好的生活。那么怎样做才能成为一名运筹时间的高手呢?

美国钢铁大王卡内基曾经非常忙,总觉得时间不够用,为此,他十分忧虑。后来,他找到管理大师杜拉克请教解决的办法。

杜拉克思考了一下,说:"这样吧,你每天上班的前5分钟,把你想做的事情写下来,标题叫'今日主要事项',然后按照重要性顺序排列。所谓重要性是根据你对目标的理解来定,最重要的事情放在第一位,第二重要的事放在第二位,依次排列。然后你开始做第一件事,在完成第一件事之前,不再做其他任何事情,如果有一项工作要做一整天也没关系,只要它是最重要的工作,就坚持做下去。请把这种方法作为每个工作日的习惯做法。你自己这样做之后,让你公司的员工也这样做。"

卡内基依照杜拉克先生的建议去做,每天如此,经过一段时间,他的工作安排得井井有条,而且效率极高。5年后,他成为全美的钢铁大王。于是,他为杜拉克的5分钟建议签了一张2.5万美元的支票。

杜拉克的方法告诉我们,做任何事情都要有计划,分清轻重缓急,然后全力以赴地行动,这样才能成功。

在安排计划的优先顺序时,有一种简单的"ABCD法"非常实用。所谓"ABCD法",是根据自己的目标,将计划中最为重要的事情归于 A 类，这类事情如果没有完成，后果非常严重；其次的事情归于 B 类，它们需要你去做，但如果没有完成，后果不会太严重；把那些做了更好、不做也行的事情，做或不做的都不会有任何不好的事情归于 C 类；把可以交给别人去完成，或完全可以取消、做不做没有差别的事情归为 D 类。

经这样的分类后，处理事情时，就免去考虑应该先做什么事情的时间。只要看一看计划表，就能够很快地知道自己该进行哪一项工作了。为了更加有效地进行工作，在 A 类的各项计划中，还可以再进行细分，用"A—1""A—2""A—3"等来标示其顺序。这样一来，即使在时间紧迫的情况下，你也可以很快找到自己应该着手进行的事项。

成功应用"ABCD 法"的关键，是你必须要严格自律，每天一定将工作清单根据上述分类法加以清楚标示，接着从 A—1 工作开始做起，一次只专心做一件事。

100% 完成 A—1 事项后，再依序完成其他事项，尽快授权或外包 D 类事项，可以取消的话就立刻取消。

养成用"ABCD 法"做计划并切实执行的好习惯，会使你每天的工作生活变得有组织、有秩序，可以帮助你完全掌控时间，掌握工作的重点与节奏。

◯ 战胜分心：提高专注力的有效方法

专注力的重要性不言而喻，以下是提高专注力的 8 个有效方法：

1. 设定界限

事先就想清楚你将会花多长时间去完成某事。给自己设定界限就是告诫自己的大脑要专注，因为自己的时间是有限的。

2. 优先去做最重要的事

为了让自己能更好地专注而设定几条规则。比如，"假如我没有写完 500 字，我就不会查收电邮"，这样做很有效，这是在划分待办事项的优先级别，同时还在提醒自己先做完最重要的事。

3. 静音

这也许并不对所有人都适用。而有的人对声音很敏感，而且很容易被不经意间的声响干扰。解决办法就是带上降噪耳机，让周围的一切都静音。

4. 排除干扰

将你杂乱无章的办公桌清理干净。关闭浏览器，关闭各种语音通知，关闭手机。为了专注于手头的工作，你甚至可以暂时性地将网线拔掉。

5. 动机

明确你办事的动机会有助于加强你的专注力，并且能让你完成任务。你要知道你为什么要去专注于某事，而且要清楚如果你不专注于此事会有什么样的后果。

你知道吗？我们对于避免痛苦的倾向要强于追求快乐。所以当你无法让自己着手去做某事的时候，想想自己因此而会体验到的痛苦将会有助于你去付诸行动。这有点像是逼迫你必须专注。

6. 一次只做一件事

选定了一件要做的事后，就要专注。任何时候，你都要问自己："在我的清单中哪件事是最重要的？"然后选择一件事并保证："我会在未来的三天内（或者直到完成它）专注于这件事，如果没有完成这件事的话，那么任何其他的事我一件也不做。"

7. 迅速进入能让你进入状态的"仪式"

拿写作来说，它对专注的要求相当高。当你给自己充一杯咖啡，然后坐在电脑前，打开一个新的 Word 文档，此时你就进入状态了！

8. 花点时间去适应

假如你感到不知所措和心烦意乱，那么最好的做法就是花点时间去自省。自省是非常重要的，那样你才能和你自己交流并倾听你内在的智慧。当你独处并在有效地学习、充电、反省，你会有所领悟，你还会学会专注。

5

第 五 章

意志力充电：
如何让精力持续高能

◯ 意志力：自我引导的精神力量

著名哲学家罗素曾说："古往今来，对于成功秘诀的谈论实在是太多了。其实，成功并没有什么秘诀。成功的声音一直在芸芸众生的耳边萦绕，只是没有人理会她罢了。而她反复述说的就是一个词——意志力。任何一个人，只要听见了她的声音并且用心去体会，就会获得足够的能量去攀越生命的巅峰。这几年来，我一直在努力致力于一项事业——试图在美国人的思想中植入这样一种观念：只要给予意志力以支配生命的自由，那么我们就会勇往直前。"

意志是人最重要的心理素质，是成功者最不可缺少的"精神钙质"。那么意志力究竟是怎样的一个含义呢？

我们不急于给意志力下一个抽象的定义，不妨先看看著名的世界冠军威尔玛的成长经历，从中我们会对意志力的内涵有深切的领悟。

1940 年 6 月 23 日，在美国一个贫困的铁路工人家庭，一位黑人妇女生下了她一生中的第 20 个孩子，这是个女孩，取名为威尔玛·鲁道夫。

4 岁那年，威尔玛不幸同时患上了双侧肺肺炎和猩红热。在那个年代，肺炎和猩红热都是致命的疾病。母亲每天抱着小威尔玛到处求医，医生们都摇头说难治，她以为这个孩子保不住了。然而，这个瘦小的孩子居然挺了过来。威尔玛勉强捡回来一条命，但是由于猩红热引发了小儿麻痹症，她的左腿残疾了。从此，幼小的威尔玛不得不靠拐杖来行走。看到邻居家的孩子追逐奔跑时，威尔玛的心中蒙上了一团阴影，她沮丧极了。

在她生命中那段灰暗的日子里，经历了太多苦难的母亲却不断地鼓励她，希望她相信自己并能超越自己。虽然有一大堆孩子，母亲还是把许多心血倾注在这个不幸的小女儿身上。母亲的鼓励带给了威尔玛希望的阳光，威尔玛曾经对母亲说："我的心中有个梦，不知道能不能实现。"母亲问威尔玛她的梦想是什么，威尔玛坚定地说："我想比邻居家的孩子跑得还快！"

母亲虽然一直不断地鼓励她，可此时还是忍不住哭了，她知道孩子的这个梦想将永远难以实现，除非奇迹出现。

在威尔玛 5 岁那年，一天，母亲听说城里有位善良的医生免费为穷人家的孩子治病。母亲便把女儿抱进手推车，推着她走了 3 天，来到城里的那家医院。母亲满怀希望地恳求医生帮助自己的孩子。医生仔细地为威尔玛做了检查，然后进到里屋。医生出来的时候拿了一副拐杖。母亲对医生说："我们已经有拐杖了。我希望她能靠自己的腿走路，而不是借助拐杖。"医生说："你的孩子患的是严重的小儿麻痹症，只有借助拐杖才能行走。"

坚强的母亲没有放弃希望，她从朋友那里打听到一种治疗小儿麻痹症的简易方法，那就是为患肢泡热水和按摩。母亲每天坚持为威尔玛按摩，并号召家里的人一有空就为威尔玛按摩。母亲还不断地打听治疗小儿麻痹症的偏方，买来各种各样的草药为威尔玛涂抹。

奇迹终于出现了！威尔玛9岁那年的一天，她扔掉拐杖站了起来。母亲一把抱住自己的孩子，泪如雨下。4年的辛苦和期盼终于有了回报！

11岁之前，威尔玛还是不能正常行走，她每天穿着一双特制的钉鞋练习走路。开始时，她在母亲和兄弟姐妹的帮助下一小步一小步地行走，渐渐地就能穿着钉鞋独自行走了。11岁那年的夏天，威尔玛看见几个哥哥在院子里打篮球，她一时看得入了迷，看得自己心里也痒痒的，就脱下笨重的钉鞋，赤脚去和哥哥们玩篮球。一个哥哥大叫起来："威尔玛会走路了！"那天威尔玛可开心了，赤脚在院子里走个不停，仿佛要把几年里没有走过的路全补回来似的。全家人都集中在院子里看威尔玛赤脚走路，他们觉得威尔玛走路比世界上其他任何节目都好看。

13岁那年，威尔玛决定参加中学举办的短跑比赛。学校的老师和同学都知道她曾经得过小儿麻痹症，直到此时腿脚还不是很利索，便都好心地劝她放弃比赛。威尔玛决意要参加比赛，老师只好通知她母亲，希望母亲能好好劝劝她。然而，母亲却说："她的腿已经好了。让她参加吧，我相信她能超越自己。"事实证明母亲的话是正确的。

比赛那天，母亲也到学校为威尔玛加油。威尔玛靠着惊人的毅力一举夺得 100 米和 200 米短跑的冠军，震惊了校园，老师和同学们也对她刮目相看。从此，威尔玛爱上了短跑运动，想尽办法参加一切短跑比赛，并总能获得不错的名次。同学们不知道威尔玛曾经不太灵便的腿为什么一下子变得那么神奇，只有母亲知道女儿成功背后的艰辛。坚强而倔强的女儿为了实现比邻居家的孩子跑得还快的梦想，每天早上坚持练习短跑，直练到小腿发胀、酸痛也不放弃。

在 1956 年的奥运会上，16 岁的威尔玛参加了 4×100 米的短跑接力赛，并和队友一起获得了铜牌。1960 年，威尔玛在美国田径锦标赛上以 22 秒 9 的成绩创造了 200 米的世界纪录。在当年举行的罗马奥运会上，威尔玛迎来了她体育生涯中辉煌的巅峰。她参加了 100 米、200 米和 4×100 米接力比赛，每场必胜，接连获得了 3 块奥运金牌。

是什么力量让一个从小就左腿残疾的小孩闯过命运的低谷，并最终成长为震惊世界的田径冠军？答案就是：她不屈不挠的人生之路上闪耀着两个大字——意志。

意志是人自觉地确定目的，并根据目的调节支配自身的行动，克服困难，去实现预定目标的心理过程，是人的主观能动性的突出表现形式。

作为一种普遍的"心智功能"，意志力是为人所熟知的东西，我们每天都能感受到它的存在。尽管不同的人对于意志力的源泉，对于意志力如何影响人，以及意志力的积极作用和局限性有着不同的看法，但大家都认同这样的看法：意志力本身是人类精神领域一个不可或缺的组成部分，甚至在我们每个人的生命中，意志力都发挥着超乎寻常的重要作用。

有人认为，意志力是"一种有意识的心理功能，其作用尤其体现在经过深思熟虑的行动上"。但是意志力一定是"有意识"作用的结果吗？许多看似无意识的举动，可能正是一个人意志力的体现；而另外一些脱离人的意志力指引的行为却肯定是有意识的。人的一切有意识的行动都是经过考虑的，因为即便这一行动是在瞬间做出的，思考的因素仍然在其中发生着作用。所以说，意志力是自我引导的力量。

作为一种自我引导的精神力量，意志力是引导我们成功的伟大力量。如果你拥有强大的意志力，那么你全身的能量都可以在它的召唤下聚合起来，从而实现你的成功愿望。

◯ 用认知引导意志力

为什么把"用认知引导意志力"作为意志力锻炼的一个基本方法？让我们先来看看下面这则人物故事。

巴尔扎克的父母一心想让巴尔扎克在法律界出人头地，于是在巴尔扎克中学毕业后，他们便强迫巴尔扎克到巴黎的一所大学学习法律，并让巴尔扎克早早地去律师事务所实习。可是，巴尔扎克对法律这在当时又有名声又赚钱的专业并不感兴趣，他真正喜欢的是文学，他希望能用自己的笔描绘人世百态，鞭笞社会的丑恶现象。尤其是在律师事务所实习期间饱览了巴黎社会种种腐朽不堪的面貌后，他更加坚定了做一个文人的决心。

巴尔扎克的父母见儿子决心已定，也不好强行阻挡，便跟巴尔扎克签订了一份协议：必须在两年内成名，否则就要服从父母的安排，继续攻读法律。巴尔扎克的父母虽然表面上与儿子签订了协议，却对巴尔扎克的生活费用一扣再扣，让这位过惯了好日子的年轻人不得不放下架子，住到贫民窟的阁楼去。他们认为这样，巴尔扎克尝到苦头后，就会知难而退了。可是，巴尔扎克是一个意志坚定的人，他执着地追求着理想，他在半饥半饱的状态下夜以继日地创作。半年过后，巴尔扎克饱含心血和激情的处女作——诗体悲剧《克伦威尔》脱稿了，可是，上演后观众的全盘否定，给这位满怀期望的青年当头一击！

首战失利的巴尔扎克一边顶着家中的压力，一边承受着自尊心的敲打。另外，这时他想从印刷出版业中赚一笔钱的梦想也破灭了，而且还身负巨额债务。处在这样的关头，是退缩，还是坚持？巴尔扎克很快从困境中抬起头来，毅然在拿破仑像的立脚点写下了那句著名的座右铭：我要用笔完成他用剑未能完成的事业。

就这样，饱尝磨难的巴尔扎克凭借着坚忍不拔的斗志，踏上了严肃的、真正意义上的文学道路。从 19 世纪 30 年代到 19 世纪 50 年代这段时间里，巴尔扎克每天工作 18 个小时。贫穷、饥饿、债务、孤独一直围绕着他、纠缠着他，但这些全被他抛到九霄云外，他全身心地投入到写作中。随着一部部反映社会现实的气势恢宏的经典巨著的问世，巴尔扎克终于成为举世瞩目的伟大文学家。

巴尔扎克顽强的意志源于什么？源于对真理的认识和追求。

由巴尔扎克的事迹，我们可以看出意志与认知过程密切相关，意志的产生是以认知活动为前提的。

（1）意志的自觉目的性取决于认知活动。人的任何目的都不是凭空产生的，它是人认知活动的结果。人只有认识了客观世界的运行规律，认识了自身的需要和客观规律之间的关系，才能自觉地提出和确定切合实际的行动目的。

（2）意志过程的调节依赖于认知。在意志行动过程中，要随时认识形势的不断变化，分析主客观条件，根据新的认识调节自己的行动，以矫正偏差，加速意志行动的过程，以最终实现目的。

（3）实现目的的方法等也只有通过认知活动才能形成。目的的实现，必须有一定的方式和方法以及有关步骤等才行，这些方法也只有在认知活动中才能掌握。人的认知越丰富越深入，选择的方式和方法也就越合理。人为了确定目的，为了选择方法和步骤，必须要依据相关的认识，从实际情况出发，拟订合理有效的活动方案，编制切实可行的行动计划，并对这一切进行反复的权衡和斟酌。

（4）困难的克服也与认知有关。人只有对困难的性质有了清楚的了解，并具备了相应的知识，才有可能采取相应的办法去克服它。如果对困难的性质没有清楚透彻的认知，头脑中没有相应的方案，人们对困难的克服只能是盲目的，因而也就很难收到应有的效果。

既然人的意志是在认知基础上产生的，所以在意志锻炼中，我们就理所当然地应以认知引导作为首先的基本方法。

我们应该怎样运用认知引导法来锻炼意志呢？

（1）增加自己的科学文化知识。人只有掌握知识、运用知识，才能认识客观规律，有效地影响客观世界，充分实现意志的能动作用，从而形成良好的意志品质。相反，愚昧无知的人，满足于现有的一丁点肤浅认识，他们看不到自己的责任与使命，没有上进的意识与动力，他们很容易安于现状，不思进取。

所以，我们应该多读书，认识世界，认识人生，增强才干，增强力量，成为意志坚强的人。要切记，人改造客观世界的能力，是与人对客观世界的认识程度成正比的。

（2）形成科学的世界观。世界观是人的认知活动的定向工具，是人的行为的最高调节器。用科学的世界观武装自己，是锻炼自己具有良好的意志品质的基本条件。因为只有树立科学的世界观，才能正确地确立自己的行动目的，并对思想和行为做出实事求是的正确评价，明辨是非、善恶和荣辱。只有树立起科学的世界观，才能具有高度的责任感和使命感，才能在行动中自觉地遵照社会的发展规律，激励自己强大的意志力，去做出有利于社会发展的事情来。

（3）掌握有关意志锻炼的专门知识。掌握专门的意志锻炼的知识，有助于引导自己积极主动地锻炼意志。比如可以阅读一些人物传记，获得意志锻炼的感性知识，或是掌握意志力的相关理论知识。这些理性和感性的知识，都会提高我们意志锻炼的效果。

○ 用情感激励意志力

情感是人对客观事物是否符合自己的需要而产生的态度体验。就是说，情感是由客观事物与我们需要的关系决定的。在活动中，人的需要得到满足，就产生肯定的情感，从而对人的行为产生激励作用。强烈而深刻的感情可以给人以巨大的意志力量，从而推动人去克服前路上的一切困难。

宋代大将军李卫，一次带兵杀赴疆场，不料自己的军队势单力薄，他们寡不敌众，被敌军围困在一座小山顶上。

李卫眼见大众士气低落，心想怎么作战呢？于是有一天，将军集合所有将士，在一座寺庙前面，告诉他们："各位部将，我们今天就要出阵了，究竟打胜仗还是败仗？我们请求神明帮我们做决定吧。我这里有 9 枚铜钱，把它们丢到地下，如果都是正面朝上，表示神明指示此战必定胜利；如果反面朝上，就表示这场战争将会失败。"

听了这番话，部将与士兵虔诚祈祷磕头礼拜，求神明指示。

将军将铜钱朝空中丢掷，结果，所有铜钱都是正面朝上，大家一看非常欢喜振奋，认为是神明指示这场战争必定胜利。

于是，每个士兵都士气高昂、信心十足，他们奋勇作战，果真突出重围，打了胜仗。班师回朝后，有部将就对李卫说，真感谢神明指示我们今天打了胜仗。这时李卫才据实以告："不必感谢神明，其实应该感谢这 9 枚铜钱。"他把身边的这 9 枚铜钱掏出来给部将看，才发现原来那 9 枚铜钱的两面都是正面。

在这场战斗中，聪明的将军巧妙地运用了铜钱来鼓舞战士们必胜的士气，靠着这股强大的激情，他们最终赢得了战争的胜利。

强大的情感可以给人以巨大的意志力量，从而战胜一切。因此，在意志锻炼中我们应该恰当地运用情感激励法，通过情感来激发自己的意志力量。

应该怎样利用情感激励法来锻炼意志呢？

1. 注意培养自己的高级情感需要

（1）培养理智感。理智感是人在智力活动过程中认识、探求或维护真理的需要是否获得满足，而产生的情感体验。这种情感在人的认知活动中有着巨大作用。没有这种理智感的参与，就不可能使认知得到深入。理智感是认知活动的强大动力，它激励人积极地从事各种智慧活动，并激发出强大的意志力去克服活动中的困难。

（2）培养道德感。道德感是由道德生活的需要与道德观点是否得到满足而产生的内心体验。道德感从社会生活的各个方面表现出来。它表现在对待祖国、集体、人与人的关系上，也表现在工作、事业、学习等诸方面。杜甫云："会当凌绝顶，一览众山小。"说的就是一种远大的道德情感。古往今来，众多为人类做出重大贡献的英雄豪杰，在他们身上，无不凝聚着这些崇高的道德感。正是这些高尚炽烈的情感，推动他们为理想做出了艰苦卓绝的努力。

（3）培养美感。美感是由审美的需要是否获得满足而产生的情感体验。美感绝不是仅仅有助于人的艺术鉴赏，美感对人的社会生活及其社会行为也具有积极作用。

比如：爬山、游泳、打球，可以强健我们的筋骨，锻炼我们的意志；看戏、看电影、游览参观，可以活跃我们的精神，开阔我们的视野；吟诗、读书、绘画，可以丰富我们的知识，陶冶我们的情操；雄浑豪放的音乐，使人精神振奋，斗志昂扬，意气风发；轻松愉快的曲调，能使人心旷神怡；棋类活动、扑克游戏对人的智力、耐心、判断力的发展都有促进作用，等等。一个人的业余生活越是丰富多彩，生活就越会充实和愉快。喜悠悠、乐陶陶、美滋滋的愉快心境，常产生于自己所喜爱的业余活动之中。越是烦闷、困苦之时，越需要有益身心的健康情趣和娱乐。充满情趣的生活，能使我们更感到生活的美好，感到生活充满阳光，从而更加热爱生活，振奋斗志。

2. 从情感的两极性来激发意志力

情感的一个基本性质是它的两极性，如满意与不满、快乐与痛苦、狂欢与盛怒等，一面是肯定的态度体验，一面是否定的态度体验，这就是两极性。从意志的激发来说，两极的情感即肯定的情感与否定的情感，都能具有激励作用。

公元前494年，吴王夫差为给父亲报仇，亲自带领人马攻打越国。越国连吃败仗，抵挡不住，遂向吴王求和，答应向吴国称臣。勾践夫妇留在吴国伺候吴王，为吴王当马夫，忍辱负重，委曲求全，终使吴王放他回国。回国后，越王立志报仇雪恨，睡在柴草上。为了磨炼自己的意志，他在身边放一个苦胆，每天尝一口。在他的感召下，众大臣励精图治，使越国很快富强起来，终于灭了吴国。

首先，肯定的情感可以起"增力"作用。如自信会使人精神焕发，干劲倍增，也就增强了克服困难的勇气和力量。其次，否定的情感有时也具有"增力"作用。如不满、愤怒、痛苦等，常常极大地激发出人的力量，促使人不畏艰险，不惧困难，奋发图强。因此，我们尤其应注意通过情感两极的体验来激发意志力量。

3. 注意提高情感的效能

我们已经明确，人类的情感是有其效能的。但是，这并不是说任何人的任何一种具体情感体验，都有实际的足够效能。不同情感的效能有高低差别。高效能的情感体验，可以激励人的行动，鼓舞士气，增强信心，排除困难，给人一种动力。低效能的情感体验，往往只是陶醉或沉溺其中，不能把情感转化为行动的力量，没有激励作用。比如郁郁寡欢、灰心丧气就是低效能的情感体验，并不能对意志行动有推动作用。因此，应克服消极情感，学会由情感走向行动，使情感具有激励作用。

为了在自己的内心激发出一种积极向上的情感，你可以运用自我沟通的力量。

一旦你开始从事一件事情时，你就不妨对自己说："现在，我做这件事是最恰当不过了，我必定会取得成功。你在自我沟通时要不断地对自己说一些催人奋发、鼓舞人心，使人勇敢、坚毅起来的话语，这样，你就会惊异地发现，这种自我沟通会迅速地使你重新鼓起勇气，使你重新振作起来，使你重新拾起已经丢掉的意志力。"

⊙ 借用榜样督促自我

苏霍姆林斯基曾说过："世界是通过形象进入人的意识的。"榜样教育正是通过榜样的言论、行为、活动和事迹，把抽象的道德规范具体化、人格化，使受教育者看得见、摸得着、学得了。

榜样是无声的力量，是活的教科书，它具有生动、形象、具体的特点，其身上所体现出的好习惯是实实在在的。榜样具有很强的自律性，他们的美德既不是先天的，也不是在某种机遇中偶然形成的，而是在长期的社会实践中，通过自我修养、自我严格要求而锻炼出来的。他们的言行，往往亲切感人，很容易激起学习者思想感情上的共鸣，有较大的号召力，促使人们自觉地按榜样那样调节自己的言行，抵制外界不良诱因的干扰，坚持实践品德行为。可以说"先进人物本身就是一部催人奋进的教科书"，具有很强的说服力。

比尔小时候，一有机会就到湖中小岛上他家那小木屋旁钓鱼。

一天，他跟父亲在薄暮时去垂钓，他在鱼钩上挂上鱼饵，用卷轴钓鱼竿放钓。

鱼饵划破水面，在夕阳照射下，水面泛起一圈圈涟漪，随着月亮在湖面升起，涟漪化作银光粼粼。

渔竿弯折成弧形时，他知道一定是有大家伙上钩了。他父亲投以赞赏的目光，看着儿子戏弄那条鱼。

终于，他小心翼翼地把那条精疲力竭的鱼拖出水面。那是条他从未见过的大鲈鱼！

趁着月色，父子俩望着那条煞是神气漂亮的大鱼。它的腮不断张合。父亲看看手表，是晚上 10 点——离钓鲈鱼季节的时间还有两小时。

"孩子，你必须把这条鱼放掉。"他说。

"为什么？"儿子很不情愿地大嚷起来。

"还会有别的鱼的。"父亲说。

"但不会有这么大的。"儿子又嚷道。

他朝湖的四周看看，月光下没有渔舟，也没有钓客。他再望望父亲。

虽然没有人见到他们，也不可能有人知道这条鱼是什么时候钓到的。但儿子从父亲斩钉截铁的口气中知道，这个决定丝毫没有商量的余地。他只好慢吞吞地从大鲈鱼的唇上取出鱼钩，把鱼放进水中。

那鱼摆动着强劲有力的身子没入水里。小男孩心想：我这辈子休想再见到这么大的鱼了。

那是34年前的事。今天，比尔先生已成为一名卓有成就的建筑师。

果然不出所料，那次以后，他再也没钓到过像他几十年前那个晚上钓到的那么棒的大鱼了。可是，每当他想要放弃自己的原则的时候，他就会想起那天晚上，想起父亲坚决地让他放走的那条大鱼，他便有了坚守正义的力量。

榜样可以像镜子那样促使受教育者经常对照自己、检查自己，引起自愧和内疚，从而自觉地克服缺点，矫正自己的不良言行。

正因为榜样在家庭教育中具有如此重要的意义，所以从古至今的教育家无不对榜样示范法予以高度的重视。孔子在教育过程中就经常以尧、舜、管仲和周公等作为学生的榜样，要求学生"见贤思齐焉，见不贤而内自省也"。荀子也提出过"学莫便乎近其人"的主张。

面对榜样，我们可以采用"内省法"，剖析审视自己的言行，从而督促自己像榜样那样，保持顽强的意志力。

所谓"内省"，用今天的眼光来看，就是通过内心的自我检查、自我分析、自我解剖，用"旁观者"的眼光批判地看待和审视自己，找出自己的缺点，并且决心改止缺点。鲁迅说过："我的确时时解剖别人，然而更多的是更无情地解剖我自己。"这种自我解剖的办法就是一种内省的办法。

要在内心深处形成顽强的意志力，并非一件易事。这需要同自己心灵深处种种负面的念头进行顽强的斗争。罗曼·罗兰在他的《约翰·克利斯朵夫》中写道："人生是一场无休、无歇、无情的战斗，凡是要做个够得上称为人的人，都得时时刻刻同无形的敌人作战：本能中那些致人死命的力量，乱人心意的欲望，暧昧的念头，使你堕落、使你自行毁灭的念头，都是这一类的顽敌。"

对待这样的敌人，必须在心灵之中加以驱除。你在自己的内心设立一个"法庭"，自己充当着严格无情的"审判官"，与意志力的敌人作斗争。

当你体内的正面意念战胜了负面意念，并付诸持久坚定的行动时，你的意志力就会越来越强大了。

◎ 在实践活动中锻炼意志力

美国著名小说家杰克·伦敦，在谈到自己的成功经历时说："意志不是与生俱来的，而是在参与实践的斗争中磨炼出来。"

的确如此，人们的优良意志品质并不是主观上想要就能自然产生的，也不是闭门修养的方法所能奏效的，主要是靠在实践中培养。为了学会游泳，就必须下到水里去。为了培养良好的意志力，你就得置身于需要并能产生这种意志品质的实践之中。

我国学者自古就对实际锻炼给予了充分的重视。孔子特别重视"躬行"，主张凡事要躬行。荀子说："学至于行之而止矣。"墨子说："士虽有学而行为本焉。"朱熹更强调实践"洒扫、应对、进退之节"，认为实践是"爱亲、敬长、隆师、亲友之道"，是"修身、齐家、治国、平天下之本"。古代人讲究道德教育要"入乎耳，著乎心，布乎四体，形乎动静"。孟子有段名言："天将降大任于是人也，必先苦其心志，劳其筋骨，饿其体肤，空乏其身，行拂乱其所为，所以动心忍性，增益其所不能。"这段话的大意是：要想让一个人挑起重担，必须让身心和意志受到磨难，让他的筋骨受些劳累，让他的肠胃挨些饥饿，让他的身体空虚困乏起来，让他做的事不能轻易达到目的，这是为了激励他的意志，磨炼他的耐性，增强他的各种能力。总之，就是让人们在艰苦磨炼的实践中培养艰苦奋斗、自强不息的精神和担当重任的本领。墨家也很重视实际锻炼，鼓励人在实践中磨炼自强不息的精神，墨子说："强必荣，不强必辱；强必富，不强必穷；强必饱，不强必饥……"

通常说来，一个人的经历越是充满风浪，越能锻炼意志品质。平静的生活是使人安心的，但可惜的是，一潭死水的生活只是培养没出息者的温床，只能塑造出软弱、平庸之辈。在生活中，经历过大风大浪的磨炼，或在改革中经受了惊涛骇浪考验的人，意志往往是坚强的。而在生活中没有干什么大事业、没有经历过风浪考验的人，则常常表现得脆弱和软弱，遇到一点不大的挫折也能使他惊慌失措。波澜壮阔的伟大人生，要靠波澜壮阔的伟大实践来塑造。坚强无畏的意志，只会产生于久经生活磨炼和考验的那些人身上。

如果你要想培养自己坚毅果敢的意志力，你应该尽可能多让自己参与实践活动，无论是学习、做家务，还是社会活动，都可以磨炼你的意志。

不过，无论是在哪一种实际活动中磨炼意志，我们都应注意以下几点：

（1）明确恰当的要求。也就是要明确意志锻炼的目标，以激发锻炼的积极性。给自己提出的要求一是应当合理；二是应当简短；三是应当坚决；四是应当有系统性和连贯性，呈渐进的阶梯式。这样可以推动自己步步向前。

（2）把握好任务的难度。太容易的活动没有锻炼意志的意义，太困难的活动也会挫伤意志锻炼的积极性。所谓把握好难度，就是说需要完成的任务，应该既是困难的，又是力所能及的。

（3）尽量自主解决困难。在活动中遇到困难时，可以接受帮助和指导，但不要让别人代替自己克服困难。

（4）了解活动的结果。心理学的研究告诉我们，在练习活动中，是否知道练习过程中每一步的结果，最后的效果是不一样的。知道结果的效果好。所以，我们的意志锻炼活动中，应该了解每次锻炼活动的结果，这有助于增强锻炼的自觉性和积极性，提高意志锻炼的效果。

（5）利用活动的群体效应。意志锻炼的各种活动，可以群体方式进行，在群体中，相互作用会影响活动者的意志力。

◯ 在体育活动中磨砺坚强意志

人的意志品质与其身体健康状况是有关系的。一方面，意志坚强能够促使人锻炼身体，更为健康；另一方面，健康的体质也容易表现出较强的意志力。人们在体育锻炼中，体质增强了，精力旺盛了，也就为他们克服困难提供了有利条件。日本学者德永等人，对大学生的体力和意志的关系进行跟踪观察，发现体力差的学生相对来说自卑感强，服从性强，独立性、自主性差。美国心理学家梯尔曼，曾对一群体力强度差的中学生进行了为期一个月的体育锻炼。结果表明，这些学生不仅体力增强了，而且自制性、坚持性等意志品质，也有不同程度的提高。

国外有关专家的研究表明，一些项目的体育锻炼可以培养良好的性格品质。这些性格特征包括：决心、进取心、自信心、坚韧性、责任感、勇敢、果断性、主动性、独立性和自制力等。所以，要想培养良好的性格品质，我们不妨积极参加一些体育锻炼。不同体育锻炼项目有利于培养不同的性格特征。比如，足球、篮球和排球等运动项目，除了要求队员要勇于拼抢，果断处理各种紧急情况外，还要有集体主义精神，能够与队员积极地配合。而诸如棋类项目，则可以培养人的沉着冷静、灵活等性格品质。

青年朋友每天尽量抽出一点时间，或早晨或下午，因地制宜，选择一项自己喜欢的运动项目，持之以恒，一方面可以锻炼身体，另一方面还可以塑造良好的性格特征，这是一举两得的事情，何乐而不为呢？

选择什么项目锻炼好呢？可根据自身及外界的条件选择那些对场地要求不高，经济、效果好的项目，如慢跑、短跑等田径项目，如果有条件，还可以选择篮球、排球、足球、羽毛球、网球和乒乓球等。无论选择哪个项目，最关键的问题是要能够持之以恒，切忌三天打鱼、两天晒网和心血来潮式的锻炼。不然，就很难收到良好的效果。

当然，除了选择适合自己的体育项目外，制订安全有效的锻炼计划也是至关重要的。在锻炼时应注意以下事项：

（1）当你在开始锻炼时必须身体健康。采用循序渐进的锻炼方式，风险小回报大。如果你有一段时间没有进行锻炼了，那么开始时节奏要放慢，等身体状况跟得上时，再逐步延长锻炼时间，加快锻炼节奏。

（2）尽可能使运动既安全又舒适。要穿合脚的鞋和便于运动的衣服，一定要在安全的地方进行锻炼。

（3）锻炼要以自己舒适为度。比如，你可以在散步和慢跑时与他人交谈，气氛轻松和谐。开始锻炼的头 10 分钟内如果感觉不舒服，说明你的锻炼强度太大了。

（4）要养成常规的锻炼习惯。要获得最大的健康回报，持续不断地锻炼是很重要的。一定要把锻炼计划纳入日程中。

（5）还需要强调的是，活动的选择最好多样化。影响身体状况最主要的因素有三：肌肉及关节的灵活度；心肺耐受力；肌肉是否发达。如果有特殊目的，也可以特别加强某种活动。譬如，想控制体重的人，不妨选择能消耗能量强化肌肉的运动，如跑步或打网球。不过如果能把训练耐力的活动，与肌肉的锻炼相配合，消耗的脂肪比只做耐力训练的人多 1/10。比较理想的状况是：平均每天活动 30 分钟左右。

除了规律运动外，即使无运动场地，也可以做简单的运动或体操。

（6）把经常锻炼身体融入自己的生活中。要确保所选的锻炼方法既安全舒适，你又能从中获得乐趣，使自己能持之以恒。锻炼身体应该既简单方便又有新意，你才会愿意每天坚持锻炼。邀请朋友或家人一起锻炼的主意也不错，可以鼓励身边的人都来参与锻炼。

○ 治愈薄弱的意志力

有时意志也与身体的其他器官一样会出现"病态"。意志之所以会染疾病，其原因在于人的身上出现了一些"不安定的因素"，或者是人经不住"安逸生活的诱惑"。产生这种现象的原因，既可能是身体方面的，也可能是精神或道德方面的。

对于意志力的疾病，我们可以这样描述："或多或少，甚至永久性的行为反常。"这不仅适用于一个人，而且也适用于正常情况下一个健全人的天性。一个人的意志力如果出现问题，那么他本来正常的个人活动也会发生紊乱。

下面我们了解一下常见的意志力薄弱的 7 种表现及克服方法。

1. 大脑活动不受自己意志的支配

比如陷入梦幻当中，常常不由自主地"想入非非"等。全部大脑活动都高度集中在自己的臆想中，无法把自己的思绪转移到能够纠正自己臆想的现实中来。

治愈方法：通过保持健康、充实的生活，有意识地去实现每个计划。

2. 三心二意，见异思迁

有些人在做事情时没有表现出丝毫的耐心，不能坐下来勤勤恳恳地工作一段时间，而总是从一种想法变到另一种想法，因为一时兴起或偶然的念头而放弃眼前的工作，不管这些想法是重大的计划还是偶然的小事。他们在自己的一生中从来没有固定的、始终如一的目标。

马克·吐温是举世皆知的美国著名作家，在他的作品中渗透着作家智慧的光芒，他的艺术人生无疑是成功的。

但马克·吐温也曾经有过失意的时候，当他看见出版商们由于出版发行了他的大量作品而赚了大钱时，他的心中很不平衡，心里总是想，为什么要将自己的作品交给别人，让别人去赚钱，这些钱我也可以赚。于是，他便开办了一家出版公司，当他涉足出版业时，他才恍然觉醒，原来商业与创作是截然不同的两回事。不久，他的公司便身陷困境，倒闭关门，接踵而来的则是债务危机，这笔债务直到1898年他才还清。

在此之前，他还曾投资开发过打字机，结果损失了5万美元。经过这一次之后，他彻底醒悟，原来这些都不是自己的长处，自己最适合的还是写作，他终于找对了自己的路。

当阳光散落在我们身上时，我们只会感到温暖；而当它穿过凸透镜迎面而来时，却变得犀利不可逼视。一个用心不专的人往往一事无成；而当一个人把他所有的精力凝缩成一点时，他会成为一把所向披靡的利刃，战无不胜。

治愈方法：人的思想是了不起的，只要专注于某一项事业，就一定会做出连自己也感到吃惊的成绩。再脆弱的人，只要把全部精力集中倾注在唯一的目标上，必能有所成就。生活中最明智的事情是精神集中，最坏的事情就是精神涣散，用心不专是生活的一个大忌，一事无成常常就是用心不专的恶果。

3. 优柔寡断

优柔寡断的毛病在许多人的血液中流淌，他们不敢决定种种事件，因为他们不知道，这决定的结果究竟是好是坏，是吉是凶。他们害怕，要是今天决定这样，或许明天会发现这个决定的错误，会后悔不及。这些习惯于犹豫的人，对于自己完全失却自信，所以在比较重要的事件面前，他们总没有办法决断。有些人本领很强，人格很好，但是因为有了寡断的习惯，他们一生也就给荒度了。

治愈方法：假使你有着优柔寡断的习惯或倾向，你应该立刻奋起消灭这个恶魔，因为它是足以破坏你的种种生命机会的。假使事件当前，需要你的决定，则你当在今天决定，不要留待明天。

在你要决定某一件事情以前，你固然应该将那件事情的各方面都顾及到；你固然应该将那件事郑重考虑；在下断语以前，你固然应该运用你的全部经验与理智为你指导。但是一经决定之后，你就应当让那个决定成为最后的，不应再有所顾忌，不应重新考虑。

练习敏捷、坚毅的决断，而至成为一种习惯，你就会受益无穷。那时，你不但对你自己有自信，而且也能得到他人的信任。在起先，你的决断虽不免有错误；但是你从此中得到的经验和益处，足以补偿你蒙受的损失。

4. 游移动摇的意愿

过去生活中有不胜枚举的失败例子，并且大多都是由意志力的缺乏引起的。因为缺乏感情、欲望、想象力、记忆力或者分析能力而造成的意志力薄弱，在生活中司空见惯，但精力充沛的人往往不会犯这样的毛病。

治愈方法：不要让疑虑不安阻挡了你的努力，不要让它在起点就麻痹了你，使你不敢努力向前，甚至使你成为行动上的侏儒。让勇敢的自信伴随着你，把懦弱的怀疑赶走。

不要害怕承担责任。要立下决心，你一定可以承担任何正常职业生涯中的责任，你一定可以比前人完成得更出色。世界上最愚蠢的事情就是推卸眼前的责任，认为等到以后准备好了、条件成熟了再去承担才好。在需要你承担重大责任的时候，马上就去承担它，就是最好的准备。如果不习惯这样去做，即便等到条件具备之时，我们也不可能承担起重大的责任，不可能做好任何重要的事情。

5. 固执

固执是指坚定的意志力其程度超过理智的界限。固执的人总是觉得自己对于眼前事务的看法是对的。他的弱点在于无法接受重新考虑的行为。他之所以这样专断，是因为他没有看到自己有必要进行进一步的研究或调查，而不是因为这个人本身有多么顽固。他认为，问题都已经解决完了，并且解决得非常好，他太过自信了。

治愈方法：更多地重视别人的意见，认真细致地权衡利弊，发现自己的不足；一定要克服自己的骄傲情绪，向真正的智慧和事实的真相低头认输。

6. 一意孤行

"一意孤行"的人既没有耐心，又没有理智或恻隐之心。它使人不顾一切地置身于某一行动当中，把别人的警告当耳边风，也完全不理会自己心底隐隐约约的疑惑和担心。冥顽不化，无所顾忌——这是意志力被自己狂热的欲望吞噬时的表现。

治愈方法：有意识地培养自己谦恭的习惯；经常回想过去的经验；一定要注意听取别人的劝告；深入地思考自己内心深处的信念；长期缓慢而细致入微地注意分析反对意见和反对的理由。

7. 缺乏坚持不懈的精神

缺乏坚持不懈的执着精神，是因为在特定的某个方向，意志力似乎已经消耗殆尽，它就像过度劳累的肌肉，再也不能激发自己兴致勃勃地去采取行动。

治愈方法：尽可能地搜寻所有能够使你重新满怀热忱地投入工作的新动机，发现工作中的新乐趣，激励你的意志力重新发挥作用，说服自己坚持下去。

◯ 清除意志力的"腐蚀剂"

1. 摆脱自卑情绪

心理学认为，每个人对自己都或多或少带有一些不恰当的认识，自卑就是一种由过多的自我否定而产生的自惭形秽的情绪体验，是一种认为自己在某些方面不如他人的自我意识和自己瞧不起自己的消极心理，是由主观和客观原因而造成的。

人的自卑心理源于心理上的一种消极的自我暗示，即"我不行""不可能"等，对自己的能力、学识、品质等自身因素自我评价过低，在日常生活中表现出行为畏缩、瞻前顾后、心理的承受能力脆弱、经不起较强的刺激、谨小慎微、多愁善感等。长期被自卑情绪笼罩的人，一方面感到自己处处不如别人，一方面又害怕别人瞧不起自己，逐渐形成了敏感多疑、胆小孤僻等不良的个性特征。自卑使他们不敢主动与人交往，不敢在公共场合发言，消极应付工作和学习，不思进取。因为自认是弱者，所以无意争取成功，只是被动服从并尽力逃避责任。自卑不仅会使心理活动失去平衡，而且也会引起人的生理变化，最敏感的是对心血管系统和消化系统产生不良影响。生理上的变化反过来又影响心理变化，加重人的自卑心理。在自卑心理的作用下，人遇到困难、挫折时往往会出现焦虑、泄气、失望、颓丧的情感反应。一个人如果做了自卑的俘虏，不仅会影响身心健康，还会使聪明才智和创造能力得不到发挥，使人觉得自己难有作为，生活没有意义。

自卑是一种常见的心理现象，自卑与生俱来，人人都有，无论圣人贤士、帝王富豪还是布衣寒士、贩夫走卒，在潜意识里都是充满自卑感的，真所谓"天下无人不自卑"，几乎所有的人存在自卑感，只是表现的方式和程度不同而已。

一般来讲，大部分人的自卑感是这样形成的：小时候，父母比我们大，我们要依靠父母的扶持并依赖父母的哺育，我们在父母面前是渺小的，父母同样也认为我们是弱小的，这样，在潜移默化中，我们细小心灵的深层潜意识里自然而然的就有了一种"我小"的自卑情结。这种情结大多会一直伴随我们的少年、中年和老年，甚至一生。如果你往积极的方面引导就会使你多一些自信，如果你向消极的方面靠拢就会使你多一些自卑。

没有一个人的人生道路是一帆风顺的，不如意事十之八九。因此每个人前进的路上随时都会遇到各种困难、挫折、失意等，这些都容易使人产生一种自卑心理。

其实，在现实生活中，自卑心理可能产生在任何年龄段和各种各样的人身上。比如说，德才平平，事业不振，往往容易产生"看破红尘"的感叹和"流水落花春去也"的无奈，以致把悲观失望当成了人生的主调；经过奋力拼搏，工作有了成绩，事业上创造了辉煌，但总担心风光不再，容易产生前途渺茫、"四大皆空"

的哀叹；随着年龄的增长，青春一去不回头，往往容易哀怨岁月的无情和生发出红日偏西的无奈，等等。长期的自卑，会出现压抑自我、消磨意志、软化信念、畏缩不前、自我怀疑、自我否定等心理，严重的甚至会导致我们平常所说的心理障碍。

我们可以依照以下几种方法来摆脱自卑心理。

（1）摆脱"与别人比较"的怪圈，而完善与"自己比较"的独立的自我。这并非一蹴而就的，因为我们从小到大所受的教育与社会影响多半是与别人比较，我们已经养成了习惯，但习惯是可以改变的，凡事开头难嘛！最好找一个好朋友一起做，这样能起到互帮互助、快速提高的效果。

（2）罗列自己所有的优点。在一般情况下，人们在罗列自己的优点时，会觉得很困难，有时候反而是别人知道我们的优点比我们自己知道得多。但当我们写自己的缺点时，却又快又好，所以请大家花一点时间想想自己的优点，若想不出来，就问一问朋友、家人。

（3）积极参与社会交往。不要总认为别人看不起你而离群索居。如果你自己瞧得起自己，别人也就不会再轻易小看你。能不能从良好的人际关系中得到激励，关键还在于自己。多与人交往，发挥自己的长处，有利于在集体活动中锻炼自己的能力，树立自信心，避免离群索居带来的心理封闭等不良影响。

2. 甩掉后悔的包袱

后悔之心对意志产生极其不利的影响，一旦一个人对自己的行动产生后悔之心，他就很难再有坚定的信念将行动继续下去。人们产生后悔的原因大致可以分为两种：第一种是在做出决定之前对可能出现的消极后果有一定的预知，一旦由于疏忽大意或者盲目乐观，对这种危险的苗头没能采取必要的预防措施。在这种情况下，决定人是非常后悔的，因为他已经接近正确的选择，只因一念之差发生了重大遗漏。

另一种后悔经常发生在盲目乐观者身上。决定者在制订行动方案时，有意回避不利的信息，对未来的困难、危险及不利条件根本未加考虑。由于没有任何心理准备，也没有任何有效的应急措施，因此，决定者只有惊恐和本能的防御反应，只能临时利用手头的力量补救一下，但终因补救措施的非系统化、非严密化而收效不大。

有的人经常后悔，而且经常经历相似的后悔，他们的失误往往不是新的失误，而是屡次重复旧的失误。他们的后悔仅仅停留在肤浅的情绪水平，没能深深地触及认知结构，没能很好地剖析失误的原因和吸取发人深省的教训。

既然我们已经知道内疚后悔对我们丝毫无益，那就从现在开始，将它们从你的内心里完全清除吧！

（1）做自己决定的事。这样，如果父母、上级、邻居，甚至爱人不赞成你的某些行为，你可以认为这是正常的，关键在于你要对自己表示赞许。得到他人的赞许是令人愉快的，但也是无关紧要的。一旦你不再需要得到他人的赞许，就不会因自己的行为受到反对而内疚、悔恨了。

（2）将你自己所做过的各种错事列成清单。根据从 1 ～ 10 的标准评分，标明你对每件事的后悔程度，并且将各种错事的分数加起来，想一想分数高低对你的现状有什么影响。你会发现现实依然是现实，一切后悔都是徒劳无益的。

（3）客观分析自己行为的各种后果。不要根据直觉来判断生活中的是与非，判断的标准应当是看你的行动是否使自己精神愉快，是否有助于你向前发展。

3. 战胜内心的恐惧

恐惧是人类最大的敌人。不安、忧虑、嫉妒、愤怒、胆怯等，都是恐惧的又一种表现。恐惧剥夺人的幸福与能力，使人变为懦夫；恐惧使人失败，使人流于卑贱；恐惧比什么东西都可怕。

恐惧能摧残一个人的意志和生命。它能影响人的胃，伤害人的修养，减少人的生理与精神的活力，进而破坏人的身体健康。它能打破人的希望、消退人的意志，使人的心力"衰弱"至不能创造或从事任何事业。

在美国 19 世纪 50 年代，有一天，一位黑人家里的一个 10 岁的小女孩被母亲派到磨坊里向种植园主索要 50 美分。

园主放下自己的工作，看着那黑人小女孩敬而远之地站在那里，便问道："你有什么事情吗？"黑人小女孩没有移动脚步，怯怯地回答说:"我妈妈说想要 50 美分。"

园主用一种可怕的声音和斥责的脸色回答:"我绝不给你!你快滚回家去吧,不然我用锁锁住你。"说完继续做自己的工作。

过了一会儿,他抬头看到黑人小女孩仍然站在那儿不走,便掀起一块桶板向她挥舞道:"如果你再不滚开的话,我就用这桶板教训你。好吧,趁现在我还……"话未说完,那黑人小女孩突然像箭一样冲到他前面,毫无恐惧地扬起脸来,用尽全身气力向他大喊:"我妈妈需要 50 美分!"

慢慢地,园主将桶板放了下来,手伸向口袋里摸出 50 美分给了那黑人小女孩。她一把抓过钱去,便像小鹿一样推门跑了,留下园主目瞪口呆地站在那儿回顾这奇怪的经历——一个黑人小女孩竟然毫无恐惧地面对自己,并且镇住了自己。在这之前,整个种植园里的黑人们似乎还从未敢想过。

要想战胜恐惧,最好的方法与最佳的人选还在我们自己身上,指望别人的帮助是无用的。走出恐惧的荒漠最终凭借的总是我们自身的力量与决心。

克服恐惧看起来非常困难,但改变却在一念之间。其实,生活中有很多恐惧和担心完全是由我们内心里想象出来的,想要驱除它必须在潜意识里彻底根除它。

拿出一点勇气与行动给自己,就当是脱掉"胆小鬼"的帽子吧。告别恐惧的心理,才能爆发出强烈而持久的创造力,否则我们将在极度的恐慌中度过一年又一年，终无所成，还累了繁忙的大脑，让心脏承受不必要的负担。

◯ 借助意志的力量实现梦想

意志力是一种坚定的力量，能让你产生强烈的信念，用坚强不屈的精神面对一切阻碍成功的路障。所有的人都有实现愿望的能力，但问题在于，你是否会借助顽强的意志力让自己获得无限的财富，是否会利用自己的内在力量实现梦想。

我们身边总会有许多缺少意志的人，这些人不管做什么事，经常半途而废或者虎头蛇尾，或是一遇到困难就垂头丧气；有的性情忽冷忽热，对待事情也是只凭一时的热情。而一旦你的内心产生了坚定的信念与顽强的意志，那么你与梦想的距离也就越来越近。

法国一家地方报纸曾经刊登过一则启事：一家园艺机构欲出20万美元，求一纯白金盏花。面对这惊人的赏金数目，很多人都怦然心动，跃跃欲试。但是在自然界，金盏花除了金色，就是棕色，要想培育出白色的新品种，那简直比登天还难。很多人一时冲动试过之后，就把那则启事抛于脑后：算了吧，什么纯白金盏花！但20年后的一天，那个园艺机构意外地收到一件包裹，里面居然是 100 粒纯白的金盏花的种子。这些种子来自何人？谜底很快就揭开了，寄种子的原来是个年逾七旬的老太太，她是一个真正的养花迷。当年，她看到那则启事后就怦然心动，马上付诸行动，虽然遭到子女的一致反对，但她还是执着于自己的梦想。一年之后，等到金盏花盛开，她就筛选出颜色比较淡的花的种子。次年，她撒下这些种子，然后，再从盛开的花朵中筛选出更淡的花的种子去选种栽培。就这样，年复一年，终于在 20 年后的一天，她的努力得到了回报：在她的花园里，出现了一朵白色的金盏花，如银似雪，美极了。

为什么连专家都感到束手无策的大难题，竟然在一位对遗传学一无所知的老人手中得到破解？是意志！老人用顽强的意志执着于自己的梦想，年复一年地培育，最终实现了自己的梦想，获得了意志给予她的回报——世间罕见的纯白色金盏花。

如果说人的一生是在浩瀚的海洋上航行，那么意志就是驱动"生命进取号"的马达，它产生的巨大的能量能帮助人们乘风破浪。著名的哲学家叔本华说："意志自身在本质上是没有目的、没有止境的，它是一个无尽的追求。"当拥有了坚定的意志，你内在的能量就永远不枯竭，它会激励你永远拼搏向前，直到接近自己的目标与梦想。

无论你身处怎样的困境，一旦拥有了坚定的信念与意志，你就能克服成功路上的所有阻碍，从而拥有实现梦想的力量。

6

第 六 章

重塑生活方式：
精力再生的关键

◯ 精力不足大多和生活方式有关

罗健是一家外企的高级经理，他的一天通常是这样度过的：早上起床时已经 8 点多了，匆匆忙忙洗漱完毕，吃完早餐（冰箱里的面包和牛奶，时间来不及就算了），拎着包冲出家门，开车半个多小时到公司；9 点准时坐在办公桌前看文件，处理邮件，上午的时间很快就过去了；中餐是一顿工作餐或者宴请客户。下午又在办公桌前继续上午未完的工作，一坐几个小时。晚餐大多数时候是一些应酬，到家时往往已过 12 点了。

许多上班族都和罗健一样，每天置身于工作的压力和忙碌之中。他们的工作性质和工作节奏决定了他们的生活方式，而且他们也习惯于这样，谁也没注意到一种不可忽视的危险正悄悄走近，那就是生活方式病。

"生活方式病"很可怕，因为它已经融入现代生活的方方面面，在开私家车上下班，坐电脑前完成一天的工作，餐桌上推杯换盏，在灯红酒绿的夜生活里度过夜晚时光……这曾是许多人追求的幸福生活，如今我们享受到了，"生活方式病"也开始缠身了。现代人所患疾病中有 45% 与生活方式有关，而死亡的因素中有 60% 与生活方式有关。

不健康的生活方式直接或间接与多种慢性非传染性疾病有关，如高血压、冠心病、肥胖、糖尿病、恶性肿瘤等。原来以老年患者为主的高血压、冠心病、肥胖、糖尿病、恶性肿瘤等慢性疾病，现在已经有"年轻化"的趋势。

那么，究竟哪些生活方式是不好的？

1. 不规律的生活

繁忙的工作以及社交应酬，使得上班族们很难有固定的回家时间。并且，对现在的许多人而言，下班就回家像是一种无能的表现，所以他们中的许多人更愿意在酒吧或是歌厅里度过夜晚的时间。既然晚归是常事，保障充足的睡眠就是不太可能了。人体是一台极精密的机器，按生物钟有规律地运行。人为地违反生物钟，无疑使自己向不健康迈了一大步。

2. 缺乏锻炼，极少运动

长时间坐在办公室里忙碌，很少有时间运动，现代人的体质越来越差，很容易导致骨质疏松和其他疾病。另外，紧张的脑力劳动还可以使神经体液调节失常，导致脂类代谢紊乱、血胆固醇升高。

3. 吸烟

烟是许多男士忠实的伙伴，他们在烟雾里思考，在烟雾里休息和放松，在烟雾里驱赶疲劳。虽然无数媒介都宣传吸烟有害健康，但我国的烟民还是不断增加。大量临床案例表明，吸烟与肺、口腔、咽、食道等癌症有关，对人对己无半点儿好处。

4. 酗酒

无酒不成宴，尤其是在应酬场合，仿佛喝酒的多少代表着你的诚意，有时甚至意味着你能签下多少单。在愿意与不愿意之间，一杯杯的酒悄悄侵害着机体。

5. 不健康的饮食习惯

三餐不定、暴饮暴食、喜爱垃圾食品等都是不健康的饮食习惯，至于均衡的营养，就更谈不上了。吃得不好又怎么能健康呢？

所以，我们一定要有健康的生活方式。什么是健康的生活方式？其实很简单，就是放慢生活节奏，从日常生活点滴做起，从改变熬夜、吸烟、酗酒等不良的生活习惯做起，从合理安排膳食做起。专家说"一个人20年前的生活方式决定20年后的身体状况"，这告诉我们，生活方式疾病的形成是一个漫长的过程。我们只有自觉把生活方式纳入科学健康的轨道上来，才可能降低疾病的发病率，提高生活的品质，使生活更美好。

◯ 吃什么可以为体能提供必需的营养

建立科学的生活方式首先是吃的问题，病从口入的道理人人皆知。一个人饮食不合理，营养不科学，免疫力必然下降，就会百病缠身。一个人要想健康长寿，就必须吃得科学，吃得健康。

中国自古以来就有"医食同源，药食同根，寓医于食"的说法。《黄帝内经》里提出"五谷为养，五果为助，五畜为益，五菜为充"；清朝黄宫绣指出"食物入口，等于药之治病同为一理。合则于脏腑有益，而可却病卫生；不合则于脏腑有损，而即增促死"。其实说的就是合理饮食、平衡营养对人的重要性。

人体需要七大类营养物质，即水、脂肪、蛋白质、碳水化合物、维生素、矿物质及膳食纤维。人的生命历程其实就是营养代谢的过程，而大多数疾病也都是营养不平衡（包括营养不良和营养过剩）或营养物质代谢紊乱所致，正因为营养问题是人得病的根本原因，因此，只有科学地补充营养，调整代谢，才是预防疾病，保持身体健康的根本之道。我们要预防为主，防中有治，防治结合。有关专家测算花 1 元钱预防，就会节省 8.59 元的医药费和 100 元的抢救费。

食物是最好的医药，我们要保持自身健康，就要注意从合理安排自己的饮食开始，为自己制订一个正确的饮食计划。科学的饮食是保证营养均衡的前提。日常生活中，每天的膳食必须保证糖、蛋白质、脂类、矿物质、维生素等人体所必需的营养物质一样也不少。同时，还应当注意克服两种不良的膳食倾向：一是食物营养和热量过剩；二是为了某种目的而节食，以致食物中某些营养素和热量不足。具体说，一个健康的成年人每天需要 1500 卡路里的能量，工作量大者则需要 2000 卡路里的热量，不断补充营养是保持精力充沛的前提。

除此之外，还应注意以下几个方面：

1. 脂肪类食物不可多食，也不可不食。

因为脂类是大脑活动所必需的，缺乏脂类会影响大脑的正常思维；但若食用过多，则会使人产生昏昏欲睡的感觉，而且长期累积就形成多余脂肪。

2. 维生素作用巨大，不可缺乏。

从事文字工作或经常操作电脑者容易眼肌疲劳，视力下降，维生素 A 对预防视力减弱有一定效果，可通过多吃鱼肉、猪肝、韭菜、鳗鱼等富含维生素 A 的食物来补充；经常在办公室的人，日晒机会少，容易缺乏维生素 D，需多吃海鱼、鸡肝等富含维生素 D 的食物；当人承受巨大的心理压力时，所消耗的维生素 C 将显著增加，而维生素 C 是人体不可或缺的营养物质，应尽可能多吃新鲜蔬菜、水果等富含维生素 C 的食物。

3. 补钙和安神。

工作中为了避免上火、发怒、争吵等激动情绪，可以在平日多喝牛奶、酸奶等乳制品，以及喝些骨头汤等，这些食品含有丰富的钙质。研究表明钙具有防止攻击性和破坏性行为发生的镇静作用。

另外，及时而恰当的生活调理十分重要。现代人少不了应酬，饭店的食品美味诱人，但往往碳水化合物过高，而维生素和矿物质含量相对不足，常在外就餐者应注意生活调节，平时应多吃一些瓜果蔬菜以及豆制品、海带、紫菜等。

认识和利用碱性食物的抗疲劳作用。高强度的体力活动后，人体内新陈代谢的产物——丙酮等就会蓄积过多，造成人体体液呈偏酸性，使人有疲劳感。为了维持体液的酸碱平衡，可以吃些西瓜、桃、李、杏、荔枝、哈密瓜、樱桃、草莓等水果为主的碱性食物。

○ 饮食中的五种健康观念

维持生命，我们主要依靠的是饮食，如果饮食出了问题，生命就会受到影响，严重的时候可能会丧命。其实，很多疾病都是个人饮食观念的不当、饮食规律的不合理造成的。所以，生活中倡导"食存五观"，可以让我们拥有更加充沛的精力。

第一是接受饮食，不挑食，不偏食。因为饮食最主要的目的是维持自己身体的健康，但现代人总是贪图美味，按照自己的喜好来吃饭，习惯挑肥拣瘦，使得富贵病、文明病猖獗。健康合理的饮食必须是不挑食、不偏食。

第二是营养平衡。健康在于营养，营养在于平衡，膳食中所含营养素要种类齐全、数量充足、比例合理，与人体需要相一致。人体必须从食物中摄取的 50 余种营养素是有一定数量限定的，摄取不足或者过量，都会导致代谢紊乱或引发疾病。只有摄取的营养素种类齐全、数量充足、比例适当，才能使各种营养素在体内处于平衡状态，它们之间相互影响、作用，形成有秩序的链锁式联系，维持身体生命活力。

第三是饥饱平衡。饮食量应该掌握在"饥不可太饥，饱不可太饱"这个点上，使饥与饱处于平衡状态。唐代药王、长寿老人孙思邈在《千金要方》中讲："饮食以时，饥饱得中。"明代《修真秘要》中写着："食欲少而欲顿，常如饥中饱，饱中饥。"说的是饮食要适可而止，常处于不饥不饱的平衡状态是养生者的座右铭。不过饥、不过饱，始终保持平衡状态，能够使胃肠功能有严格的规律性，因而摄取营养正常有序，新陈代谢功能正常有序，自然有助于健康长寿。过饥过饱，都可能引起人体生理活动秩序紊乱，甚至引发疾病。过饥，营养供给不足，身体虚弱，抵抗力降低，极易引起疾病；过饱，食物超过脾胃的消化、吸收和运作能力，轻则导致饮食停滞，脾胃损伤，重则引发疾病，譬如因营养过剩而导致肥胖症。维持饥饱平衡的可行之路——每餐只吃八分饱，未饱先止。这一条，很多人可以在理念上接受而在实践上不一定能够坚持下去。

第四是养成一日三餐的习惯，这对人体健康至关重要。要定

　精力管理：开启不疲惫、不焦虑的人生

时、定量，才能有好的身体。实验证明：每日三餐，食物中的蛋白质消化吸收率为85％；如改为每日两餐，每餐各吃全天食物量的一半，则蛋白质消化吸收率降为75％。因此，我国人民的生活习惯，一般来说，每日三餐还是比较合理的。同时还要注意，两餐间隔的时间要适当，时间间隔太长会引起高度饥饿感，影响人的劳动和工作效率；间隔时间如果太短，上顿食物在胃里还没有排空，就接着吃下顿食物，会使消化器官得不到适当的休息，消化功能就会逐步降低，影响食欲和消化。一般混合食物在胃里停留的时间是四五个小时，因此两餐之间，间隔应以四五个小时比较合适，如果是五六个小时基本上也合乎要求。

一日三餐选择什么食物，如何进行调配，采用什么方法来烹调，都应是科学的，并且要因人而异。一般来说，一日三餐的主食和副食应该荤素搭配，动物食品和植物食品要有一定的比例，最好每天吃些豆类、薯类和新鲜蔬菜。一日三餐的科学分配是根据每个人的生理状况和工作需要来决定的。如按食量分配，早、中、晚三餐的比例为3：4：3；如果某人每天吃500克主食，那么早、晚各应该吃150克，中午吃200克比较合适。

第五是注重补水。在人的每一天生活中将水分从体内排出体外是必需的，而将水分再如数补充到体内更是必需的。人体补充水分的途径有三。其　，每天从食物中获得1000毫升左右的水。其二，每天能够得到碳水化合物、脂肪、蛋白质等新陈代谢产生的代谢水

300 毫升左右。其三，每天需要饮水 1200 毫升左右。如若出汗过多，每天饮水量就要相应增加。每天至少饮水 1200 毫升，不一定人人都能自觉地做到，因为在一些人群中有一种习惯：渴了喝水，不渴不喝。其实，不渴也要喝水，要定时定量喝水。水是容易被忽视的营养素。一些人缺乏主动饮水的习惯，口渴感功能下降，处于惯性缺水状态——即处于慢性失水状态。体内水不足，容易发生尿路结石、乳腺癌、肠癌、泌尿系统癌症等疾病。足见，防止体内缺水，维持体内水平衡，是保障身体健康的基础条件。

◯ 别向生物钟下"战书"

生物钟是生物生命活动的内在节奏性。生物通过感受外界环境的周期性变化（如昼夜光暗变化等），来调节本身生理活动的步伐，使其在一定的时期开始、进行或结束。我们知道人的一切生命活动，都是在生物钟的支配下进行的，就如同植物到季节就开花，动物到了周期就要产卵一样。生物钟运转正常，身体就健康、抗衰、延寿，相反，生物钟运转不正常，就容易得病、早衰、折寿。

很多上班族对自己的生物钟不够重视，就拿节假日来说，平时，他们大都定点睡，按时起，生活很有规律；但节假日期间，因为得到放松，或看电视，或玩游戏，迟睡，甚至通宵不睡的现象也很普遍。有人认为，偶然"一两次"，无碍健康。岂不知，这偶尔的"一两次"，却打乱了生物钟的正常运转，引起了人体内翻江倒海般的大变化，导致了大脑节律的紊乱、肠胃功能的失调、内分泌的改变，因而出现头晕、乏力、食欲不振等症状。脆弱的生物钟是经不起这样折腾的，虽然当时感觉不到什么，却已埋下了病根和隐患。

因此，精心呵护和保护生物钟，使其不受干扰和磨损，就成为我们生活中至关重要的内容，也是上班族自我保健的核心。

那么怎样才能保证自己的生物钟正常运转呢？对上班族而言，要保护自己的生物钟，最有效的方法，就是规律生活、按时作息、平衡饮食、积极锻炼，并且形成"制度"，常年坚持，雷打不动，节假日也不例外。

世界卫生组织曾对 14 个国家的 25916 名病人进行调查，发现 27% 的人有睡眠问题。对此专家提醒人们：长期睡眠不足可能使人变"笨"。研究人员指出，每晚比正常睡眠时间少睡 1 小时会令一个人的智商暂时性降低 1 个商数，一星期累计下来可令智商降至 100。睡眠时间因人而异，但一般而言，每个人平均每天要 8 小时睡眠时间。研究显示，当人睡眠不足时，会累积一笔"睡眠债"，就算每天只少睡 1 个小时，连续 8 天下来，仍会像是整晚熬夜一样疲倦。

维护人体生物钟的正常运转，对于我们的生活有重要意义。

如果把保健比作"零存整取":"零存"就是有规律的生活,"整取"则指健康长寿,只有按时按量地"零存",才能"整取"到健康长寿。倘若因为某种原因打乱了生物钟的正常运转,就等于违反了坚持已久的"零存",其结果必将影响到"整取"。所以,为了你的健康,你千万要牢记:莫向生物钟下"战书"。

◯ 杜绝坏的生活习惯

美国石油大亨保罗·盖蒂曾经有抽烟的习惯,并且烟瘾很大。

在一次度假中,他开车经过一个地方,由于下雨,他在一个小城的旅馆停了下来。吃过晚饭,疲惫的他很快就进入了梦乡。

凌晨两点钟,盖蒂醒来。他想抽一支烟。打开灯后,他很自然地伸手去抓桌上的烟盒,不料里面却是空的。他下了床,搜寻衣服口袋,一无所获,他又搜索行李,希望能发现他无意中留下的一包烟,结果又失望了。这时候,旅馆的餐厅、酒吧早已关门,他唯一希望得到香烟的办法是穿上衣服,走出去,到几条街外的火车站去买,因为他的汽车停在距旅馆有一段距离的车房里。

越是没有烟,想抽的欲望就越大,有烟瘾的人大概都有这种体验。盖蒂脱下睡衣,穿好了出门的衣服,在伸手去拿雨衣的时候,他突然停住了。他问自己:"我这是在干什么?"盖蒂站在那儿寻思，一个所谓有修养的人，而且相当成功的商人，一个自以为有足够理智对别人下命令的人，竟要在三更半夜离开旅馆，冒着大雨走过几条街，仅仅是为了得到一支烟。这是一个什么样的习惯，这个习惯的力量竟如此惊人的强大。

没多会儿，盖蒂下定了决心，把那个空烟盒揉成一团扔进了纸篓，脱下衣服换上睡衣回到了床上，带着一种解脱甚至是胜利的感觉，几分钟就进入了梦乡。从此以后，保罗·盖蒂再也没有抽过香烟，当然，他的事业越做越大，成为世界顶尖富豪之一。

烟瘾大，对任何人来说，都不是一个大的缺点。但保罗·盖蒂却坚持改变，这是因为他意识到了习惯的巨大力量。一位理智、成功的商人居然会为一支香烟六神无主，如果是在休闲时间这倒没什么影响，如果是在谈一笔大买卖，这个习惯则会影响他的判断，进而影响整笔生意的完成。一个人要是沉溺于坏习惯之中，就会不知不觉把自己毁掉。

我们每个人都是习惯的产物，我们的生活和工作都遵循我们自身所养成的习惯。习惯的力量是巨大的，因为它具有一贯性。它通过不断重复，使人们的行为呈现出难以改变的特定的倾向。就像一句古老的箴言："习惯就像一根绳索。每天我们都织进一根丝线，它就会逐渐变得非常坚固，无法断裂，把我们牢牢固定住。"我们每天高达90%的行为是出自习惯的支配。可以说，几乎是每一天，我们所做的每一件事，都是习惯使然。

习惯有好有坏。好的习惯是你的朋友，它会帮助你成功。一位哲人曾经说过："好习惯是一个人在社交场合中所能穿着的最佳服饰。"而坏习惯则是你的敌人，它只会让你难堪、丢丑、添麻烦、损坏健康或者使事业失败。奥格·曼狄诺认为："习惯若不是最好的仆人，它便是最坏的主人。"因此，如果你要使自己成为一名高效能人士，就应当杜绝坏的生活习惯。

你可能会说，我也知道有些习惯不好，甚至很坏，我也试着改掉它，但我发现改不掉。然而，坏习惯真的改不掉吗？美国成功学专家奥森·马登普博士曾花了很多年来研究习惯问题，并协助很多人改掉了咬指甲及吮大拇指的坏习惯。这说明了坏习惯是可以克服的。奥森·马登普博士认为："一个人可以改变自己的习惯，当然不像滚动木头那样简单，但是你可以办得到，只要你真心希望这样做。"为此他提出了六条建议：

1. 首先相信你可以改变你的习惯。对你自我控制的能力要有信心，如此才能为你的基本个性带来积极的改变。

2. 彻底了解这些坏习惯对你身体所造成的不良影响，使你愿意去承受暂时的损失——甚至痛苦——而培养出要求改变的强烈愿望。面对这些可怕的事实：体重过重会使你的重要器官不堪负荷；酒精会破坏你的身体组织；过度工作（这也是一种不好的习惯）可能会危及你的生命，等等。

3. 找出某种令你感到满意的事物，用来暂时安慰自己。因为你在戒除一项长期的习惯之后，必会经历一段痛苦的时期，这时就要找些事物来安慰你。像摄影、园艺或弹钢琴这些嗜好，可能会协助你不抽太多香烟。

4. 发掘将你逼到这种情况的基本问题。你的挫折究竟是什么？你是否低估了自己的价值？为何对自己如此敌视？

5. 认真处理这些问题，调整你的思想，接受你的失败，重新发掘你的胜利。

6. 引导你自己迈向积极的习惯，这将使你的生活获益。为你自己制定新的目标。在积极的活动中获得成功的感觉，这将发挥你的能力与热诚。

如果你希望自己成为一个工作业绩出众、家庭生活幸福的人，就应当迅速改掉那些危害你工作和生活的不良习惯。如果你在改变的过程中发生动摇，就应当重温一下马登博士的建议。

○ 睡不够导致精力不足

现代心理学认为梦是人在睡眠时由体内外各种刺激引起大脑的各种影像活动，是人的正常生理和心理活动的结果。如果睡眠无梦，你可要多加小心，因为这可能是你患病的征兆。

每个正常人都做梦。有的人醒后能够回忆起来，有的人不能回忆或已经遗忘，自觉没有做梦，这与觉醒时睡眠所处不同时相有关。一个典型的睡眠，第一个梦大约出现在入睡后的 90 分钟，梦境的持续时间平均 10 分钟，一夜内大约要做 4～6 个梦，大约有 1～2 小时的睡眠是在梦中度过的。

生理学和心理学告诉人们，一般的梦是一种正常的生理现象，是心理活动的组成内容，不会给人的心身健康和睡眠带来危害。心理学家认为：

1. 适量做梦可以排除大量的精神垃圾

生活中，有很多不能被客观现实、道德理智所接受的各种本能的要求和欲望，已经被遗忘了的童年时期不愉快的经历，心理上的创伤等被压抑在潜意识中，在某种契机作用下，就会以各种变相的方式出现，如心理、行为或躯体的各种障碍等。

睡眠状态时，人的自主意识停止，潜意识的内容开始表演，以梦的形式表达出来，缓解精神上的紧张和焦虑。从某种意义上讲，梦代表了愿望的满足。

2. 梦是信息储存升华的过程

人在做梦时，新旧知识重新组合，去芜存菁，然后有序地存入记忆的仓库，形成网络，便于提取和随时应用。

3. 梦可以帮助进行创造性思维

许多专家教授的发明创造和学术上的突破无不受益于梦的启迪，比如门捷列夫排出元素周期表，克库勒发现苯环的化学结构式等。据调查显示：英国剑桥大学 70% 的学者认为他们的成果曾在梦中得到启示。

4. 梦是大脑功能得到锻炼和完善的需要

人类的脑细胞约有 100 亿~ 140 亿。专家估计，普通人仅仅使用了其中的 4%，还有高达 96% 没有开发，就算像爱因斯坦这样的天才也只用了不到 10%。睡眠时，休眠状态的脑细胞部分脱抑制活跃起来，加之体内外各种环境的刺激，形成了梦境，进一步改善大脑的功能。

无梦睡眠往往是大脑受损或患病的征兆。如痴呆儿童的有梦睡眠明显少于正常儿童，患慢性脑病综合征的老人有梦睡眠明显少于正常老人等。

任何事情都有个度，过犹不及。持续不断及强烈而深度的梦境会侵占正常的睡眠时间，在大脑皮层留下深深的痕迹，使大脑得不到良好的休息而感到疲劳、头晕等。至于噩梦连连，则是一种睡眠障碍，或是患有某种疾病的预兆，须及时就医。

◎ 午睡片刻助你高效和敏锐

社会竞争的激烈，生活节奏的加快，使得很多人埋头工作，无暇顾及午休。其实，经过了一个上午的工作和学习，人体能量消耗较多，午饭后小睡一会儿能够有效补偿人体脑力、体力方面的消耗，对于健康是大有裨益的。

中午容易使人昏昏欲睡，于是，上班族禁不住瞌睡，就会趴在桌上眯一觉；老人们则是倒在床上，可能一睡就是一个多小时。到底午睡有什么好处，怎样才能达到最佳效果呢？

午睡可使大脑和身体各系统都得到放松和休息，午睡过程中，人体交感神经和副交感神经的作用正好与原来相反，从而使机体新陈代谢减慢，体温下降，呼吸趋慢，脉搏减速，心肌耗氧量减少，心脏消耗和动脉压力减小，还可使与心脏有关的激素分泌更趋于平衡。这些对于控制血压具有良好的效果，有利心脏的健康，可降低心肌梗死等心脏病的发病率。

午睡可提高机体的免疫机能，增强机体的抗病能力。睡眠不足会引起机体的疲劳，如果长期如此就会进入恶性循环，虽无明显器质性病变，但机体的免疫功能减弱，抵抗力下降，导致产生疾病的因素增多。

午睡固然可以帮助人们补充睡眠，使身体得到充分的休息，增强体力、消除疲劳、提高午后的工作效率，但午睡也需要讲究科学的方法，否则可能会适得其反。

首先，午饭后不可立即睡觉。刚吃完饭就午睡，可能引起食物反流，使胃液刺激食道，轻则会让人感到不舒服，严重的则可能产生反流性食管炎。因此，午饭后最好休息20分钟左右再睡。

其次，午睡时间不宜过长。午睡实际的睡眠时间达到半个小时就够了；习惯睡较长时间的，也不要超过一个小时。因为睡多了以后，人会进入深度睡眠状态，大脑中枢神经会加深抑制，体内代谢过程逐渐减慢，醒来后就会感到更加困倦。

再次，午睡最好到床上休息，采取右侧卧位。不少人习惯坐着或趴在桌上午睡，这样会压迫身体，影响血液循环和神经传导，轻则不能使身体得到调剂、休息，严重的可能导致颈椎病和腰椎间盘突出。现在医院在临床诊疗中，已经发现越来越多二三十岁的年轻人，因为睡眠习惯不佳而导致这方面的疾病。专家建议，应该养成在需要休息时上床睡觉的习惯。对于实在没有条件又需要午睡的白领，至少也应该在沙发上采取卧姿休息。

专家最后还要提醒你，午睡之后，要慢慢起来，适当活动，可以用冷水洗个脸，唤醒身体，使其恢复到正常的生理状态。对于那些没有午睡习惯的人，顺其自然是最好的方式。

午睡是一种需求和享受，享受午睡可以充分休息和放松心情，但午睡并非必需。对于没有这种需求的人，强迫自己午睡，反而可能扰乱生物钟，导致疲劳和困倦。

◯ 睡眠修复术带来好活力

睡眠的姿势主要有仰卧、俯卧和侧卧三种，究竟哪种姿势最科学合理呢？

俗语说："立如松，坐如钟，卧如弓。"睡眠姿势以略为弯曲的侧睡为最好。因为侧睡时脊柱略向前弯，四肢容易放到舒适的位置，使全身肌肉得到较为满意的放松。

而仰卧时，手习惯于放置胸部，会因手压迫心脏及胸部，影响到心跳及呼吸，导致做噩梦；仰卧时，舌根部往后坠缩，易导致呼吸不畅而打鼾并影响到睡眠。俯卧位则会使心脏和肺部承受较大压力，影响到呼吸和血液循环功能，还会因腹部有较强压迫感，导致睡眠不实。

在侧睡姿势中，又以右侧睡最为理想，因为心脏在胸腔内的位置偏左，向右侧睡时，心脏受压小，可以减轻其负担，有利于排血，这一点对心脏病患者更为重要。

此外，胃通向十二指肠以及小肠通向大肠的口部都向右侧开，因而右侧卧位有利于胃肠道内容物的顺利运行。肝脏位于右上腹部，右侧睡时它处于低位，因此供应肝脏的血多，这对于食物的消化、体内营养物质的代谢及药物的解毒，以及肝组织本身的健康等都有利。

有人曾做过统计，在睡眠姿势中，侧卧占35%，仰卧占60%，俯卧占5%。为什么仰卧者比例这样大呢？因为有人担心侧卧会引起脊柱弯曲而变成脊柱畸形。

其实，完全不必过虑。

实际上，人们在整夜睡眠过程中，有20～30次辗转反侧。这些翻动是在自觉和不自觉中进行的，目的是求得舒适的体位，以消除疲劳。有人用慢速电影记录人在熟睡中的姿势，很少有人采取某一种姿势睡上10～15分钟。

在患某些疾病的情况下，必须采取特殊的睡眠姿势。如双侧肺结核的病人，不宜侧睡，以仰卧为宜；一侧肺部有病变，侧卧时要朝患侧睡，以利病情恢复；一侧胸腔内积水时，病人往往向病侧卧睡；而心力衰竭或哮喘发作时，不能平躺，必须取半侧卧位。

另外，睡眠可以消除疲劳、恢复体力，而且还可以保护大脑、提高机体免疫力，因此，充足而合适的睡眠对健康大有裨益。为了提高睡眠质量，睡觉时必须给自己"松绑"。睡觉时如何给自己"松绑"呢？做到以下几点就可以了。

1. 不要戴胸罩

戴胸罩睡觉容易致乳腺癌。其原因是长时间戴胸罩会影响乳房的血液循环和淋巴液的正常流通，不能及时除去体内有害物质，久而久之就会使正常的乳腺细胞癌变。

2. 不宜戴假牙睡觉

戴着假牙睡觉是非常危险的，极有可能在睡梦中将假牙吞入食道，使假牙的铁钩刺破食道旁的主动脉，引起大出血。因此，睡前取下假牙清洗干净，这样做既安全又有利于口腔卫生。

3. 不宜戴隐形眼镜

人的角膜所需的氧气主要来源于空气，而空气中的氧气只有溶解在泪液中才能被角膜吸收利用。白天睁着眼，氧气供应充足，并且眨眼动作对隐形眼镜与角膜之间的泪液有一种排吸作用，能促使泪液循环，缺氧问题不明显。但到了夜间因睡眠时闭眼隔绝了空气，眨眼的作用也停止，泪液的分泌和循环机能相应减低，结膜囊内的有形物质很容易沉积在隐形眼镜上。诸多因素对眼睛的侵害，使眼角膜的缺氧现象加重，如长期使眼睛处于这种状态，轻者会代偿性使角膜周边产生新生血管，严重者则会发生角膜水肿、上皮细胞受损，若再遇细菌便会引起炎症，甚至溃疡。

4. 不要戴表

睡眠时戴着手表不利于健康。因为入睡后血流速度减慢，戴表睡觉使腕部的血液循环不畅。如果戴的是夜光表，还有辐射的作用，辐射量虽微，但长时间的积累也可导致不良后果。

◯ 睡懒觉，弊端多

许多人都有睡懒觉的习惯。尤其在双休日和节假日，喜欢睡懒觉的人更是长时间赖在床上，甚至连肚子咕咕叫也不想起来。殊不知，这不仅不利于身体健康，而且还会引发多种不良后果。

睡懒觉不仅是一个坏习惯，而且还不利于健康。研究表明，睡懒觉至少有七大危害。

1. 肥胖

时常赖床贪睡，又不注意合理饮食（摄入多量的肉食和甜食），加上不爱运动，三管齐下，能量的储备大于消耗，以脂肪的形式堆积于皮下。只需一年半左右时间，你就会发现自己成了一个小胖子，增加了心脏负担和患病的机会。

2. 导致身体衰弱

当人活动时，心跳加快，心肌收缩力增强，血量增加；当人休息时心脏也同样处于休息状态。长时间的睡眠就会破坏心脏活动和休息的规律，心脏一歇再歇，最终使心脏收缩乏力，稍一活动便心跳不已、疲惫不堪、全身无力，因此只好躺下，形成恶性循环，导致身体衰弱。

3. 对呼吸的"毒害"

卧室的空气在早晨最混浊，即使虚掩窗户，也有 23% 的空气未能流通。不洁的空气中会有大量细菌、病毒、二氧化碳和尘粒，这时对呼吸道的抗病能力有影响，因而那些闭门贪睡的人经常会有感冒、咳嗽、咽炎等。高浓度的二氧化碳又可使记忆力、听力下降。

4. 肌张力低下

一夜休息后，早晨肌肉和骨关节变得较为松缓。如醒后立即起床活动，一方面可使肌张力增高，另一方面通过活动，肌肉的血液供应增加，使骨组织处于活动的修复状态。同时将夜间堆积在肌肉中的代谢物排出，这样有利于肌纤维增粗、变韧。睡懒觉的人，因肌组织错过了活动的良机，起床后时常会感到腿软、腰骶不适、肢体无力。

5. 影响肠胃道功能

一般来说，一顿适中的晚餐，到次晨 7 时左右基本消化殆尽，此刻，胃肠按照"饥饿"信息开始活动起来，准备接纳和消化新的食物。赖床者由于不按时进餐，使胃肠经常发生饥饿性蠕动，久之易得胃炎、溃疡病。

6. 破坏生物钟效应

人体激素的分泌是有规律性的，赖床者体内生物钟节律被扰乱，结果白天激素上不去，夜间激素水平降不下，让人饱尝夜间睡不着、白天心情不悦、疲惫、打哈欠等"睡不醒"的滋味。

7. 妨害神经系统正常功能

睡懒觉的人睡眠中枢长期处于兴奋状态，时间久了便会疲劳。

而其他中枢由于受到抑制的时间太长，恢复活动的功能就会相应变慢，因而感到昏昏沉沉，无精打采。

○ 常到户外去，呼吸一下新鲜空气

除非你一直过着田园生活，否则你一定深深懂得能呼吸一口清新的空气是一件多么幸福而又难得的事情。找个机会享受一下这难得的待遇，你一定会轻松很多。

难得的周末或是假日，就别让自己窝在家里不动了，不是经常会觉得胸闷头晕吗？成天面对着嘈杂纷乱的车水马龙，过街闹市的人声鼎沸的确让人生出几分烦躁。听说郊区风光不错，关键是空气清新，今天就走出家门，走得远点儿，躲过这些喧嚣混浊，让我们的神经轻松一下，舒缓一下吧。

出门之前，事先简单计划一下，并做好一些准备工作。很多人都有很多新奇的想法，有人玩攀山，有人玩越野，有人玩攀岩，有人玩速降，更有人想要挑战沙漠，想要在波涛汹涌的大河大江里随流而下……虽然，一般的远足并不如这些玩法需要特别的技巧，但如果有适当的训练和准备将有助于应付大自然多端的变化，以及减少意外事故发生的机会。

首先，和谁一起去，找人同行还是一人独往。如果要去比较偏远而且地势崎岖艰险的地方，最好还是约人一起同行比较安全，如果真的很想独自享受清静，那最好别走太远太偏。其次，远足前一晚必须充分休息，出发前吃一顿丰富而有营养的饱餐，以便有充足的体力持久步行，减少意外受伤。最后，因为户外运动的特殊性，还需要准备一些适合户外运动的装备，以便更好地保护自己。穿着适合远足用的衣服和鞋袜，有可能的情况下，携带登山手杖。其他的，还有如地图、指南针、水、食物、手机、急救药箱等，视情况所需备带。

准备要出去了，就要放松心态，放下生活中的一切烦恼和负累，以开阔宽广的胸怀来拥抱大自然，感受大自然，呼吸大自然的清新气息。这也许不只是对胸腔的一次畅通，也是对心灵深处的一次洗涤。

去郊外，最好大清早的时候就能赶到那里，因为早上的空气是最清新的，而且清晨是万物苏醒的时刻，你会感觉到格外的生机盎然，从外到内，你都会有种生机勃勃的感觉充盈到你的全身。想体验这种感觉吗？那就早点儿出发吧。

这个地方，最好有山有水，有花有草，有虫有鸟，让你可以感受到大自然一切的气息和声响。闭上眼睛，用心聆听鸟儿鸣叫的声音，是不是感觉在歌唱，哦，它们是在歌唱它们美丽的世界，动人的生活，你也可以的，和鸟儿们一起歌唱吧。

7

第 七 章

行动力变现：
从倦怠到高效，到达人生巅峰状态

○ 明确目标：知道什么最重要才能全情投入

若要建成大厦，必先绘制蓝图。拥有明确的目标将会给我们的行动计划、忙碌的方向带来指导作用，从某种意义上来说，有什么样的目标，就有什么样的人生。

一个人想要获得成功，只有明确了正确的方向，以后的努力才能加速目标的实现。方向不对，再努力、再辛苦，你也很难成功。

亚里士多德说过："明白自己一生在追求什么目标非常重要，因为那就像弓箭手瞄准箭靶，我们会更有机会得到自己想要的东西。"方向是一个人行动的指南针。有方向的人是在为美好的结果而努力，没目标的人只会在原地拖延，浪费自己的生命。任何一个优秀的人绝不会在盲目中拖延自己的人生，他们总会在行动之前就为自己设定了努力的方向。

马克思说过，目标始终如一是他的性格特征。这种性格特征决定了他坚定的政治信仰，顽强执着追求，不动摇、不气馁、不妥协，为全人类留下了宝贵的精神财富。树立自己的奋斗目标并坚持始终，也应该成为我们的坚毅性格。

随着《哈利·波特》风靡全球，它的作者罗琳成了当时英国最富有的女人，她所拥有的财富甚至比英国女王还要多。但是人们可能并不知晓她曾经的窘迫。

罗琳从小就热爱英国文学，热爱写作和讲故事，写一部科幻类著作一直是自己的奋斗目标。大学毕业后，她只身前往葡萄牙发展，随即和当地的一位记者坠入情网，并结婚。无奈的是，这段婚姻来得快去得也快。婚后不久，罗琳便带着3个月大的女儿杰西卡回到了英国，栖身于爱丁堡一间没有暖气的小公寓里。

丈夫离她而去，工作没有了，居无定所，身无分文，再加上嗷嗷待哺的女儿，罗琳一下子变得穷困潦倒。她不得不靠救济金生活，经常是女儿吃饱了，她还饿着肚子。家庭和事业的失败，并没有打消罗琳写作的积极性，她坚持写作。有时为了省钱省电，她甚至待在咖啡馆里写上一天。

就是在这样艰苦的环境中，罗琳没有放弃，仍然以积极的心态去写作。就这样，在女儿的哭叫声中，她的第一本《哈利·波特》诞生了，并创造了出版界奇迹，她的作品被翻译成35种语言在115个国家和地区发行，引起了全世界的轰动。

罗琳从来没有远离过自己的努力方向，即使她的生活艰难，她也坚信有一天，她必定会实现自己的目标。她的经历告诉我们，只有时刻牢记自己的奋斗方向，我们才能更容易走向成功。

在实现梦想的道路上，方向是前进路上的航标。只要我们找准了行动的方向，就应该努力前行，而不是继续深陷于拖延的泥沼中。因此，在接到任务时，在遇到问题时，我们首先做的就是设法弄清楚自己的前进方向，接下来就是不折不扣地沿着方向去努力。

任何活动本身并不能保证成功，并不一定是有利的。是否成功，取决于是否朝一个正确的方向努力。

没有目标的人不但不能够发展，说不定还会在日益激烈的工作竞争中被淘汰。只有那些能够朝着目标不断努力、不断学习，适应社会需要的人才能够在复杂多变的环境中长久地生存。他们不满自己的现状，总是有更好的追寻目标，正是这个目标让他们拥有了不懈的动力，凭借这样的动力，才能够不断提升自己，全力以赴将工作做到最好，也为改变自己的命运提供了更多的机会。

○ 太弱的愿望 = 没有愿望

看过《西游记》的人都知道唐僧许下了一个愿望，一定要到西天佛祖那里求得真经。为此，他经历了九九八十一难，最终取得真经，返回大唐。一路上虽然有孙悟空、猪八戒、沙僧、白龙马以及诸天神佛的帮助，但如果没有唐僧这种百折不回的实现愿望的精神，西天取经也是不可能实现的。

每个人都有自己的愿望，希望世界和平和希望自己得到一件漂亮的礼物都属于愿望。可是，愿望太弱就等于没有愿望。在我们询问自己的内心时，内心总会回答我们说，不是没有愿望，也不是愿望不强烈。而当我们询问更具体的愿望时，内心就会说出很多很美好的愿望。然而，这些愿望大多数人都拥有过，而且也只能算作愿望而已，对于我们的生活毫无帮助。

衡量愿望是否有用的标准是，面对什么样的困难或者诱惑，自己就会放弃这个愿望。只有那些能够战胜一切困难和诱惑的愿望才能调动内在能量，才能真正实现。其他愿望到最后也只是愿望而已，这样的愿望和没有愿望并没有太大的区别。如果你有一个愿望，不妨测试一下，这个愿望能否实现。看看自己的愿望能否像唐僧一样通过八十一难成为现实，在我们的测试中，你的愿望只需要通过七道难关。

第一难关：时间

有很多愿望在我们许下很短的时间之后就被忘掉了，比如小时候我们想要当科学家，但是可能没过多久我们的愿望就变成想要当保家卫国的军人了。一些愿望会随着时间的推移而消失无踪，只有那些经过时间考验的愿望才能称为真的愿望，那些许下了且很快就忘记的愿望更近于突发奇想而已。

第二难关：现实

愿望属于理想，必然要经过现实的考验。无论你的愿望是在考试上取得好成绩，还是完成一个艰巨的任务，自身的能力、他人的配合等客观条件都会让我们放弃愿望或者降低自己的目标。只有当你克服现实的困难，创造有利于成功的现实条件，愿望才能继续前行。

第三难关：失败

很多愿望的实现都是一个漫长的过程。在通向实现愿望的过程中，我们不可避免地会遇到很多失败。如果因为失败的打击就不再前行，愿望也注定无法实现。爱迪生为了发明电灯遭受过很多的失败，史泰龙在成为国际巨星之前也遭受过很多次的拒绝，为了实现愿望，把失败当成垫脚石才能去攀登成功之峰。否则失败就会像一座五行山牢牢压在头顶，让你动弹不得。

第四难关：错误

错误的道路、错误的选择、错误的评价是比失败更容易让人放弃愿望的，因为失败中有一些是不可避免的，而错误则完全是基于自己的选择和判断。致命的错误会让一个企业破产，也会让一个人失去对于自己的信心。

第五难关：安逸

很多伟大的愿望都被消灭在安逸的怀抱中。当一个人处于安逸的环境中，很容易忘记自己的宏伟愿望。思想会最先动摇，之后是放慢自己的脚步，最后完全停止行动，让愿望成为自己几十年后最后悔的一件事情。

第六难关：成功

失败会让人更清楚眼前的处境，成功却恰恰相反。一路上一直势如破竹的人会骄傲和自负起来，过高地估计自己的实力会让我们的宏伟志向变成梦幻泡影。如楚汉纷争时期，项羽经历了太多的成功，这些成功让他失去了正确的判断力，最终输掉了战争。

第七难关：放弃

无论是刚刚拥有愿望，还是马上要实现愿望，每个人都有可能会放弃自己的愿望。愿望象征着成功也象征着困难与努力，很多人可能会在实现的过程中随时放弃，转而选择过当前的生活，无论眼前安逸与否，自己都不需要付出努力，或者接受失败的苦果。

愿望是让人前进的动力，也是拥有充足精力的助力。在众多的愿望当中，有一些愿望是很小的，这些愿望甚至不能称得上是愿望，只有那些会令我们通过难关，不断付出努力的愿望才能称得上是真正的愿望，也只有这些真正的愿望才会对增强精力有所帮助。

○ 精神力量与行动效率成正比

人生就像一片玉米地，果实累累，但是玉米地中却生长着各种杂草。我们每个人都在和自己的对手进行着一场有趣的比赛：

谁最早穿越玉米地到达神秘的对岸，同时，他手中的玉米又最多。在这场有趣的活动中，速度、效益与安全成为关键所在。

生活中所有事情都像这样一场比赛，若想摘到更多的玉米，唯有不断地自我超越，而超越自我就是对目前该做的事情精益求精，把自己的能力发挥到极致，争取最大化的行动效益。在这个过程中，精神力量往往如催化剂一般，促进行动力的充分发挥。

曾经有三个年轻人结伴出行，寻找发财机会，但正因为想法的差异，导致了不同的行动结果。

在一个偏僻的小镇，他们发现了一种又红又大、味道香甜的苹果。由于地处山区，信息、交通等都不发达，这种优质苹果仅在当地销售，售价非常便宜。

第一个年轻人立刻倾其所有，购买了10吨最好的苹果，运回家乡，以比原价高两倍的价格出售，这样往返数次，他成了家乡第一个万元户。

第二个年轻人用了一半的钱，购买了100棵最好的苹果苗运回家乡，承包了一片山，把果苗栽种，整整3年时间，他精心看护果树，浇水灌溉，没有一分钱的收入。

第三个年轻人找到果园的主人，用手指指着果树下面，说："我想买些泥土。"

主人一愣，接着摇摇头说："不，泥土不能卖。卖了还怎么长果？"

他弯腰在地上捧起满满一把泥土，恳求说："我只要这一把，请你卖给我吧？要多少钱都行！"主人看着他，笑了："好吧，你给一块钱拿走吧。"

他带着这把泥土，返回家乡，把泥土送到农业科技研究所，化验分析出泥土的各种成分、湿度等。然后，他承包了一片荒山，用整整三年的时间，开垦、培育出与那把泥土一样的土壤。然后，他在上面栽种了苹果树苗。

现在，10 年过去了，这 3 位结伴外出寻求发财机会的年轻人命运迥然不同。第一位购苹果的年轻人现在每年依然还要购买苹果，运回来销售，但是因为当地信息和交通已经很发达，竞争者太多，所以赚的钱越来越少，有时甚至不赚钱或者赔钱；第二位购买树苗的年轻人早已拥有自己的果园，但是因为土壤的不同，长出来的苹果有些逊色，但是仍然可以赚到相当的利润；第三位购买泥土的年轻人，他种植的苹果果大味美，和山区的苹果相比不相上下，每年秋天引来无数购买者，总能卖到最好的价格。

从这三个年轻人的经历里，我们可以看到，三个人面临着同样的机遇，同样采取了行动，不过想法的差异却使三个人的行动产生了不同的后果。

做多做少并不是衡量成功与否的标尺，行动的效率才是最有意义的标准。每个行动的力量，不是强大就是软弱；而当每个行动都变得强大有力时，你就能让自己变得富有。

所以，在行动之前，请先仔细地思考，因为精神的力量和行动效率成正比。在做每一件事情的时候，无论这件事多么微不足道、多么平淡无奇，都必须以认真严谨的态度对待，每天都要把当天的事情做完，而且以高效率的方式做完。

○ 重拾行动力，克服拖延症

你打算什么时候开始完成手头上的项目？你在等什么，是在等待别人的帮助还是等待问题消失？明明已经有了计划，但不能付诸执行，问题仍在等着你，而那些同时起步的人已经解决了问题，开始了下一步计划。

不拖延的人都是具有高效执行力的人，他们会想尽办法尽速完成任务。"最理想的状态是任务在昨天完成。"对于应该尽速完成的事，要在第一时间内进行处理，争取让工作早点瓜熟蒂落，让自己放心。

千万不要把昨天就能完成的工作拖延到今天，把今天就能完成的工作拖延到明天。最好不要等到别人开口，说那句"你什么时候做完那件事"时，才匆忙呈上自己的成绩。

比尔·盖茨说："过去，只有适者能够生存；今天，只有最快处理完事务的人能够生存。"对于一名绝不拖延的行动者来说，

"马上就办"是唯一的选择。

李·雷蒙德是工业史上绝顶聪明的 CEO 之一，是洛克菲勒之后最成功的石油公司总裁——他带领埃克森·美孚石油公司继续保持着全球知名公司的美誉。

有一次，李·雷蒙德和他的一位副手到公司各部门巡视工作。到达休斯敦一个区加油站的时候，李·雷蒙德却看见油价告示牌上公布的还是昨天的数字，并没有按照总部指令将每加仑油价下调 5 美分进行公布，他十分恼火。

李·雷蒙德立即让助理找来了加油站的主管约翰逊。远远地望见这位主管，他就指着报价牌大声说道："先生，你大概还熟睡在昨天的梦里吧！因为我们收取的单价比我们公布的单价高出了 5 美分，我们的客户完全可以在休斯敦的很多场合，贬损我们的管理水平，并使我们的公司被传为笑柄。"

意识到问题的严重性，约翰逊连忙说道："是的，我立刻去办。"

看见告示牌上的油价得到更正以后，李·雷蒙德面带微笑说："如果我告诉你，你腰间的皮带断了，而你却不立刻去更换它或者修理它，那么，当众出丑的只有你自己。"

也许加油站的主管约翰逊认为，当天的油价只要在当天换也来得及。但是商业环境的竞争节奏正在以令人眩目的速率快速运转着，我们所应该做的应该是"绝不拖延"。

以最快的反应速度去开始一项工作是保持恒久竞争力不可缺

少的因素，也是唯一不会过时的职场本领。在人才竞争激烈的公司里，要让自己保持稳定甚至常胜的优势，就必须奉行"绝不拖延"的工作理念。

世界上有90％的人都因拖延而一事无成。不提出任何问题，不表示任何困难，以最快的时间，用最好的质量，马上就办，这才是最优秀的人。

◯ 让"快速行动"成为一种习惯

日本著名企业家盛田昭夫说："我们慢，不是因为我们不快，而是因为对手更快。如果你每天落后别人半步，一年后就是一百八十三步，十年后即十万八千里。"

我们不仅仅需要不拖延，还需要以比别人更快的速度去行动。

曾担任过《大英百科全书》（美国分册）主编的沃尔特·皮特金在好莱坞工作时，一位年轻的支持者向他提出了一项大胆的建设性方案。在场的人全被吸引住了，它显然值得考虑，不过他可以从容考虑，然后与别人讨论，最后再决定如何去做。但是，当其他人正在琢磨这个方案时，皮特金突然把手伸向电话并立即开始向华尔街拍电报，用电文热烈地陈述了这个方案。当然，拍这么长的电报费用不菲，但它转达了皮特金的信念。

出乎意料的是，1000万美元的电影投资立项就因为这个电文而拍板签约。假如他拖延行动，这项方案极可能就在他小心翼翼的漫谈中流产（至少会失去它最初的光泽），然而皮特金立刻付诸了行动。

无论是公司还是个人，没有在关键时刻及时做出决定或行动，而让事情拖延下去，会给自身带来严重的伤害。

商机如战机，随时都可能消失，只有立即行动的人才能把握一切。拖延像一颗职场毒瘤，需要马上切除，优秀的人永远是从现在开始行动，不把任何事情拖延到下一分钟。赶快鞭策自己摆脱"等一分钟"的桎梏，以比别人更快的速度去行动，才能挟制"等待下一分钟"的"第三只手"，把你从拖延的陷阱中拯救出来。

生活中，我们总对自己说，明天我要如何如何。工作中也是如此，很多员工对自己过分宽容，习惯用"今天来不及了，等明天再开始做吧"来拖延。其实明天也许永远不可能到来，每天都是今天，为什么不把起点设在今天呢？

安妮是大学里艺术团的歌剧演员。她有一个梦想：大学毕业后，要在纽约百老汇成为一名优秀的主角。安妮与老师谈起这个梦想，老师鼓励她说："你今天去百老汇跟毕业后去有什么差别？"于是，安妮决定下学期就去百老汇闯荡。

老师却紧追不舍："你下学期去跟今天去，有什么不一样？"安妮情不自禁地说："好，给我一个星期的时间准备一下，我就出发。"老师步步紧逼："所有的生活用品在百老汇都能买到，你一个星期以后去和今天去有什么差别？"

安妮终于说："好，我明天就去。"老师赞许地点点头。第二天，安妮就飞赴全世界巅峰的艺术殿堂——美国百老汇。当时，百老汇的某制片人正在酝酿一部剧，几百名来自世界各地的人去应征主角。按当时的应聘步骤，是先挑出10个左右的候选人，然后，让他们每人按剧本的要求演绎一段主角的对白。这意味着每一名应征者要经过两轮百里挑一的艰苦角逐才能胜出。

安妮到了纽约后，费尽周折从一个化妆师手里要到了将要排演的剧本。这以后的两天中，安妮闭门苦读，悄悄演练。正式面试那天，安妮是第48个出场的。当她粲然一笑，制片人看到面前的这个姑娘感情如此真挚，表演如此惟妙惟肖时，他惊呆了！他马上通知工作人员结束面试，主角非安妮莫属。就这样，安妮来到纽约的几天时间就顺利地进入百老汇，穿上了人生中的第一双红舞鞋。

很多时候，你若立即进入主题，会惊讶地发现，浪费在万事俱备上的时间和潜力会让你懊悔不已。而且，许多事情若立即动手去做，就会感到快乐、有趣，加大成功几率。

拖延常常是少数人逃避现实、自欺欺人的表现。然而，无论你是否在拖延时间，自己的事情都必须由自己去完成。通过暂时逃避现实，从暂时的遗忘中获得片刻的轻松，这并不是根本的解决之道。

当然，以更快的速度去行动不一定能获得最终的成功，但迟疑不决注定不能将事情做成。我们应该记住这一点。

◯ 设立明确的"完成期限"

很多人都有这样的经验：如果上级在星期一布置了工作任务，要求在星期五之前交上来，同时强调最好是尽快完成，很多人从星期二到星期四几乎很难安下心来把任务完成并主动交上，总是在星期四晚上或星期五早上的时候才匆匆把任务赶完。同时在看似无所事事的前三天里，他们的内心一直备受煎熬——每天都在告诉自己：该行动了，时间不多了！可是，他们就是无法进入状态，同时又不断谴责自己没有效率，始终被负罪感包围着。如果上级布置工作任务时要求星期三之前交上来，即使不强调最好尽快完成，那么你也会在星期三之前把任务完成。这就是心理学中著名的"最后通牒效应"。

心理学家做过这样一个实验：让一个班的小学生阅读一篇课文。实验的第一阶段，没有规定时间，让他们自由阅读，结果全班平均用了 8 分钟才阅读完；第二阶段，规定他们必须在 5 分钟内读完，结果他们用了不到 5 分钟的时间就读完了。

对于不需要马上完成的任务，人们往往是在最后期限即将到来时才努力完成的情形，称为"最后通牒效应"。

心理学上的"最后通牒效应"说明了最后期限的设定是越提前越好。这种心理效应反映了人类心理的某种拖拉倾向，即人们在从事一些活动时，当时间宽裕的时候，总感觉能拖就拖，但不能拖的情况下——例如当不允许准备的时候，或者已经到了规定的时间，人们基本上也能够完成任务。当给自己规定完成目标的最后期限时，我们应该尽量把最后期限往前赶，否则过于宽松的最后期限很多时候起不到提高我们工作效率的作用。

在工作中我们应当善于为自己设定"最后期限"，任何事情如果没有时间限定，就如同开了一张空头支票。只有懂得用时间给自己施加压力才能保证准时完成任务。

要做到不拖延，最好制定自己每日的工作时间进度表，记下事情，定下期限。否则，下面的困境就很有可能发生在你身上。

曹睿是某公司的一个部门主管，他平时工作总喜欢把"不着急，还有时间""明天再说吧"这些话放在嘴边。这一次老板要去国外公干，并且要在一个国际性的商务会议上发表演说。曹睿负责一些资料的搜集和整理。刚接到这个任务时，曹睿并没有着急，他想搜集资料是很简单的，又不像写东西那么复杂，就一直没给自己设定完成的最后期限。

直到老板要出发的前一天，所有的主管都来送行，有人问曹睿："你负责的资料整理好了吗？"

曹睿感觉很轻松地说："不用那么着急，老板要坐好长时间的飞机，反正这段时间是空闲的，资料要等到下飞机才用，我在飞机上做就是了。"

过了一会儿，老板来了，第一件事就是问曹睿："你负责整理的资料和数据呢？"曹睿按照他的想法又跟老板说了一遍。老板听了他的回答，脸色大变："怎么会这样？我已经计划好了，利用在飞机上的时间，和同行的顾问按照这些资料研究一下这次的议题，不能白白浪费这么好的时间啊！"

听到老板的话，曹睿脸色一片惨白。

总是将"明天再说吧"挂在口头上的曹睿，由于没有设定完成目标的最后期限，失足在了一份简单的工作任务上。

任何事都必须受到时间的限制。为自己的事情设定最后期限，这会让我们行动起来以按时完成各项工作，并且激发我们自身的能动性。反之，没有时限的目标，会让人不自觉地拖延起来，让目标的实现之日变得遥遥无期。

如果没有时间的限定，不懂得为目标设定最后期限，那么就埋下了拖延的种子。只有善于给目标设定最后期限，懂得用时间给自己适当施加压力，才有助于自己以最快的速度行动起来。

◯ 想到就做，穿上"行动鞋"

如果只是沉浸在不切实际的幻想中，梦想着天上掉馅儿饼，而不是脚踏实地付诸行动，那么事情恐怕永远都无法完成。

只有积极的行动才能解决工作中的实际问题，才能让我们的才华展现出它的价值。

雷蒙·克罗克是美国企业家，麦克唐纳快餐公司的创建人。1985 年，雷蒙·克罗克被评选为美国历史上对美国社会影响最大的企业家。

1954 年的一天，雷蒙·克罗克驾车去一个叫圣贝纳迪诺的地方，他看到许多人在一个简陋的快餐店排队，他也停下车排在后面。

人们买了满袋汉堡包，满足地笑着回到自己的汽车里。雷蒙·克罗克好奇地上前去看，原来是经销汉堡包和炸薯条的快餐店，生意非常红火。

雷蒙·克罗克 52 岁了还没有自己的事业，他一直在寻找自己事业的突破口。他知道，快节奏的生活方式就要到来，这种快餐的经营方式代表着时代的方向，大有可为。于是，他毅然决定经营快餐店。他向经营这家快餐店的麦当劳兄弟买下了汉堡包摊子和汉堡、炸薯条的专利权。

雷蒙·克罗克搞快餐业的决策遭到了家人及朋友的一致反对，他们说："你疯了，都50多岁了还去冒这个险。"

雷蒙·克罗克毫不退缩。在他看来，决定大事，应该考虑周全，可一旦决定了，就要一往无前，赶快去做，行与不行，结果会说明一切，最重要的是行动。

雷蒙·克罗克马上投资筹建他的第一家麦当劳快餐店，经过几十年的发展，克罗克取得了巨大的成功。人们把他与名震一时的石油大王洛克菲勒、汽车大王福特、钢铁大王卡内基相提并论。

美国麦当劳在创办初期只是一家经营汉堡包的小店，到了1985年，在美国的50个州和世界30多个国家和地区开设了近万家分店，年营业额100多亿美元，被称为"麦当劳帝国"。它能有今天的成功，完全有赖于创始人雷蒙·克罗克的一旦决定了就赶快行动的做事准则。

世界在改变，事业的成功，常常属于那些敢于抓住时机、付出行动的人。李嘉诚在总结自己的成功经验时说："决定一件事后，就快速行动，勇往直前去做，这样才会取得成功。"

19世纪50年代，受西部淘金热的影响，年轻的美国小伙子李威·施特劳斯也按捺不住了，他放弃了自己轻松的文职工作，随着两个哥哥来到旧金山。到旧金山不久，他开办了一家百货店。

一天，一位来店里买东西的淘金工人无意中对施特劳斯说："你们的帆布包真的很适合我们，为什么不用帆布做成裤子给我们淘金工人穿呢？我想，那一定比我们现在的棉布工装裤结实耐用多了。"

淘金工人们的建议引起了施特劳斯的兴趣，他经过反复思考，决定立即听从这位淘金工人的建议，他马上取出一块帆布到裁缝店，做了第一条帆布工装短裤。这种工装裤诞生以后，果然受到了众多矿工的喜爱。这种工装裤就是现在风靡全球的牛仔裤的前身。

过了些日子，一位从远方来看望施特劳斯的朋友见到工人购买工装裤的情形，向他建议道："我认为，你应该聘请一些有丰富经验的裁缝，先把这种裤子重新设计一番，再投入一些资金，并进行相应的广告宣传，然后把它推向市场。"施特劳斯经过慎重思考，又接纳了这位朋友的建议，以最快的速度将经过重新设计的工装裤推向了市场。令施特劳斯没有想到的是，这种裤子不但受到了大批矿工的喜爱，而且受到了年轻人的青睐。

后来，他引进设备，组装生产线，开始大批量生产这种工装裤——牛仔裤，并利用各种媒体对牛仔裤进行大肆宣传，甚至还大谈特谈起"牛仔文化"，无孔不入的宣传使牛仔裤深得人心。牛仔裤的市场前景越来越光明、越来越广阔，他的公司也因此而获得了蓬勃发展。

对一个人来说，机会摆在面前，能否抓住这些机会，不仅取决于他是否有敏锐的洞察力，更取决于他是否敢于付出行动。如果畏首畏尾，总是找各种借口拖延，那么成功永远都不会垂青于他。

也许，在一开始的时候，你会觉得坚持"马上行动"这种态度很不容易，但最终你会发现这种态度成了你个人价值的一部分。当你想到，请马上就去做，机遇不会等你太久。

◯ 别再等"下一分钟"

每个人都或多或少地有过拖延的经历。拖延的表现形式也多种多样，其轻重也有所不同。比如：琐事缠身，无法将精力集中到工作之中，只有被上司逼着才向前走，不愿意自己立即开始行动；如果有着极端的完美主义倾向，又会反复修改计划，该实施的行动被无休止的"完善"所拖延，预期的期限大大延后。

时间长了，我们也会视这种恶习为平常之事，以致于漠视它的危害，放纵了它的存在。然而，千里之堤毁于蚁穴，小小的耽搁常常会给我们的工作带来巨大的损失。

李响才能出众，不过他也有自己的一大缺陷：太过于瞻前顾后。有一次，他代表公司去参加一个重大的会议，这是他第一次代表公司参加如此重要的会议，他要代表公司和会议各方谈判达成共识，签订协议。会议进行到了各个代表可以自由发言的阶段，李响在脑袋中前思后想：还是不要当第一个发言的人，这样太唐突，容易说错很多话，也容易紧张，我等着下一个人发言完再说吧。

第一个代表发表完意见，李响犹豫了一下，马上又有第二个人开始发言了。李响想：看看也好，多看几个人我才能说得全面。

第二个人说完，又有第三个人。李响还是没有发言的欲望，总想着，下一个人说完我再说吧。

就这样很多代表都发表了意见，李响还是拖着迟迟不表态。这时大会的主办方说："既然这么多代表都达成了一致，那么我们就按大家的意思签订协议吧！剩下的这位代表有异议吗？"

这下李响愣了，原来自己是最后一个了，可是自己还没发表公司的意见呢！如果这么就签订协议，那么自己公司要吃亏了！这可怎么办，可是碍于面子，自己也不好意思再说了，于是就只是敷衍着"没意见，没意见"。

李响回到公司，老板听到这个结果非常震惊和愤怒。

像李响这样的人有很多，由于拖延没有在关键时刻及时做出决定或行动，导致自己没有完成任务。这不仅丧失了机遇，更让自己陷于无行动力的低效泥潭里。

等待"下一分钟"再行动的心理是拖延的温床。不少人做事总喜欢等到所有的条件都具备了再行动，殊不知，立即行动起来也可以为自己创造有利条件。只要做起来，哪怕很小的事，哪怕只做了五分钟，也是一个好的开端，就能带动我们着手做好更多的事情。

拖延的人总想着："唉，这件事情很烦人，还有其他的事等着做，先做其他的事情吧。"的确，立即行动有时很难，尤其在面临一件很不愉快的事情时，因为你常常有一种不知从何下手的困惑。但不能因此而选择拖延作为你逃避的方式。

避免拖延的最好方法就是"现在就做"。面对空白的纸和计算机屏幕很具有挑战性，开始是最困难的工作，但却必须开始。接到新的工作任务，就立即切实地行动起来。诸如"再等一会儿""明天开始做"这样的语言或者这种心理意念，一刻也不能在我们的心里存在。

马上列出自己的行动计划，从现在就开始，立即去做自己一直在拖延的工作。当自己真正开始接触工作的时候，就会发现，原本的拖延时间毫无必要，而且还可能会喜欢上自己曾经一拖再拖的事情。

歌德说得好："只有投入，思想才能燃烧。一旦开始，完成在即。"任何时刻，当你感到拖延的恶习正悄悄地向你靠近，当你感觉到它正威胁着你的工作状态时，你需要做的是：在此刻就动起来。

◯ 从现在开始，做最重要的事

生活中有很多人，总为一些不值得的事忙个不停。表面上看来，他们总是拼命工作，从来不浪费一秒钟的时间。每天，除了把大量的时间用在本职工作上，还负责很多其他方面的事务，时间长了，自己的工作效率低下不说，身心都很疲惫。他们似乎从来就不去判断，什么事情是值得去做的，什么事情是不值得的。

做不值得做的事，会让你误以为自己在完成某些事情。你耗费了大量时间和精力，得到的可能仅仅是一丝自我安慰和虚幻的满足感。当梦醒后，你会发现该做的事一件都没有做，而自己却已经疲惫不堪。不要受不重要的人和事过多的干扰，因为成功的秘诀就是凡事做到高效率完成。一流的人做一流的事，不该做或不值得做的事，千万别去做，无论感情上再怎样难以割舍，也不要虚耗自己的生命。

很多时候，我们明知道一件事不值得还去做，这时我们通常不会尽自己的全力去做。这种情况下，即使我们做了也不会有什么好的结局。事实上，马虎和敷衍大多数情况都是因为我们知道自己做的事不值得。如果知道一件事不值得自己去做还是不能放弃，那就是在浪费时间和资源。与其这样，还不如把时间放在自己认为值得去做的事情上。

做事，就要首先集中精力做最重要的事，不被琐事缠身。如果认定一件事是不重要不紧急的，我们就应该果断地暂时放弃，清醒的放弃胜过盲目的坚持。

美国著名剧作家尼尔·西蒙和惠普的第一位女总裁卡莉·费奥瑞纳，都是善于判断"不值得做的事"，从而走向了事业的成功的人。

美国著名剧作家尼尔·西蒙在决定是否将一个构想写成剧本前会问自己："如果我要写个剧本，将故事讲述得引人入胜，而且能将剧本中的角色塑造得栩栩如生，这个剧本会有多好呢？……还不错，它会是一个好剧本，但不值得花费一两年的时间。"结果也可能并不理想，而像是鸡肋，没多少味道；或者只是浪费时间的俗套之作罢了。因此，西蒙不会花费精力去写。这就是不做不值得做的事。

卡莉·费奥瑞纳，当还在朗讯科技公司工作时，被《财富》杂志评为年度"美国商业界最有影响力的女性"。众多的猎头公司盯上了她，纷纷以种种诱人的条件，拉她去别的公司发展。她被这些诱惑搅得心烦意乱。她的人生导师——朗讯科技公司的董事长却告诫她说："你必须自己拿主意，要想清楚哪些职务邀请是你愿意考虑的。无论你的目标是什么，都不要浪费时间在不符合你的目标的人身上。"费奥瑞纳认清了自己的人生目标，没有为那些诱惑所动，最后终于成为世界最著名公司——惠普的第一位女总裁。

像尼尔·西蒙和卡莉·费奥瑞纳这样成功的人都懂得：不做不值得的事情，大胆地放弃不值得的东西。懂得运用"不值得定律"，不把时间浪费在不符合目标的人和事身上，不值得的事情不去做，只做好值得的事情，这才是克服拖延的良好习惯。

◯ 以"当日事，当日毕"为标准

在我们身边总不乏这样一些人：总是在老板或领导的一次次督促下，拖上十天、半月才会把工作做完；虽埋头于琐碎的日常事务，却在不经意间遗漏最重要的工作；整天忙忙碌碌，工作质量却无法令人满意；遇到问题虽然想解决，却总是没法在第一时间高效地完成任务。

"当日事，当日毕"可以很容易地解决拖延的问题，它使得"第一时间解决问题"能够深入每天的工作中。

凡是发展快且发展好的世界级公司，都是执行力强的公司，而他们奉行的是"当日事，当日毕"的态度。比如以某著名家电品牌的售后服务来说，客户对任何员工提出的任何要求，无论是大事，还是"鸡毛蒜皮"的小事，员工必须在客户提出的当天给予答复，与客户就工作细节协商一致。然后毫不走样地按照协商的具体要求办理，办好后必须及时反馈给客户。如果遇到客户抱怨、投诉时，需在第一时间加以解决，自己不能解决时要及时汇报。正是基于这样的不拖延的态度，该家电品牌的市场份额才不断扩大。

"当日事，当日毕"追求的就是效率和结果，而几乎任何地方都迫切地需要那些能够做事不拖延的员工：不是等待别人安排工作，也不是把问题留到上司检查的时候再去做，而是主动去了解自己应该做什么，做好计划，然后全力以赴地去完成。

今天的工作今天必须完成，因为明天还会有新的工作。今天的事情拖到明天，只会让自己更被动，感觉头绪更乱、任务更重。只要在工作中努力去做到"当日事，当日毕"，每天都坚持完成当日的工作，就会发现不仅会按时完成任务，而且心理上会感觉很轻松。

"当日事，当日毕"的目标能促使你抓紧时间、马上进入工作状态，而做到"当日事，当日毕"则是一个小小的成就，会令你在今后的每一天更有信心将当天的工作做完做好并争取第二天做得更好，不断超越自己、追求完美，并终将有所成就。

任何一个懒惰成性、整天把工作留给明天、被上司或者同事推着走的人，这样的人走到哪里都不会受欢迎。我们应当真正以"当日事，当日毕"的标准要求自己，全力以赴地做到，并以"当日事，当日毕"敦促自己不断进步。